快读翡翠书——一本深入浅出、博学多识的

本书顾问：董书成

翡翠入行 的那些事

|流|量|主|播|成|长|智|库|丛|书|

杨德立 杨明月 编著

短平快 摸透翡翠
全方位 成就主播

◎ 种水色底工光
◎ 翡翠入门基础
◎ 翡翠快速进阶技巧

30
分钟
慢话翡翠

云南出版集团

YNK 云南科技出版社

·昆 明·

图书在版编目（CIP）数据

翡翠入行的那些事 / 杨德立 , 杨明月编著 . -- 昆明：
云南科技出版社 , 2023
（流量主播成长智库丛书）
ISBN 978-7-5587-4964-3

Ⅰ . ①翡… Ⅱ . ①杨… ②杨… Ⅲ . ①翡翠—基本知
识②翡翠—网络营销 Ⅳ . ① TS933.21 ② F768.7

中国国家版本馆 CIP 数据核字 (2023) 第 125425 号

流量主播成长智库丛书—— 翡翠入行的那些事

LIULIANG ZHUBO CHENGZHANG ZHIKU CONGSHU——FEICUI RUHANG DE NAXIESHI

杨德立　　杨明月　编著

出 版 人：温　翔
策　　划：高　亢
责任编辑：洪丽春　曾　芃　张　朝　龚萌萌
责任印制：蒋丽芬
责任校对：秦永红

书　　号：ISBN 978-7-5587-4964-3
印　　制：云南金伦云印实业股份有限公司
开　　本：787mm×1092mm　1/16
印　　张：13
字　　数：300 千字
版　　次：2023 年 9 月第 1 版
印　　次：2023 年 9 月第 1 次印刷
定　　价：36.00 元

出版发行：云南出版集团　云南科技出版社
地　　址：昆明市环城西路 609 号
电　　话：0871-64114090

序

杨德立老师的《翡翠入行的那些事》出版了。这本书讲述了翡翠入行必备的科学知识与行业知识，内容全面，理论深入有高度，实践丰富有广度，不愧为入行的指南书。

为什么那么多人想进入翡翠行业？因为它高贵，还因为它太美。什么是美？各有各的标准。但从广义上讲，"美"就是愉悦，凡是物质或非物质的，能够给我们带来愉悦（快乐、高兴、激动、美好）的，就是美。

翡翠行业看着容易做着难。若想做好这一行，就请多读几遍《翡翠入行的那些事》。

翡翠的"水"是很深的，要想做好这一行，必须全面掌握翡翠的基本知识，多到市场去磨炼。要全面了解翡翠世界，需要具有多方面的知识，如地质学、矿物学、光学、色彩学、美学等。只有具备综合性的学科知识，才能更深入地认识翡翠，掌握它的规律。在这部书里有许多表述。

翡翠这个行道，完全是靠智慧、胆量（冒险精神）和运气的，发达的机会是很大的。其中冒险精神是"成功之母"。想在翡翠生意上致富，没有秘诀，就是要有胆量，但这个胆量一定要靠技术来做后盾。市场经济下的赢家，都是一些志向远大、最具竞争力的玩家。

翡翠的质量从差到好，价格相差巨大，许多人搞不清楚。实践中那些达到宝石级的翡翠，要求绿色正、底子净，很温润，微透明至半透明。所有玉石类品种，不求透明，但求"温润"，这就是玉的魅力所在。这本书已经写得很到位了。

因为翡翠的质量相差很大，它的价格会从几十元到几千万元不等，这就使许多人搞不清楚为什么。一件好翡翠，首先是它的原料质量的好与坏，其次是设计做工。若翡翠的"种、水、色、底"都很好，设计做工有新意且文化内涵出彩，那就是一件价值很高的艺术品！反之则次之。本书对此也有涉足，写得较全面、详细。

翡翠为什么稀少？因为翡翠生成的地质条件十分苛刻，它需要一个高压低温的地质环境，而后，还要有后期的热液活动，把硬玉岩改造成种老、水好、色正、底干净的特级翡翠。生成条件苛刻，产量少，价格自然高。在本书中都有较深入的揭示。

总之，这本书边讲述边提问，正确地、深入浅出地解答了入行者的很多疑惑！

不仅如此，本书文笔简练严谨，又不失生动通俗，让人读来有趣更有所得。

见到一块绿色的翡翠，仿佛嗅出了那种醉人的芳香，仿佛看到芳草连天的原野，使您感觉到大自然的韵味，给您带来了永远的春天！

2023 年 7 月 13 日

引 言

互联网的超级获客能力，使本来就处于玉石之冠的翡翠，更加魅力入幻，粉丝如潮！

然而众多追梦者，推开翡翠之门往里一看，"哎呀"一声，顿感"水深"。

是的，复杂的行话行规，深奥的理论知识，漂浮的价值价格，无边的文化讲述，似乎深不可测。到哪里去找正确的标杆？

于是追梦者们，包括主播、买家、卖家、爱好者，从业者，只好道听途说，瞎子摸象，甚至胡编乱造，以讹传讹。

结果是，貌似入门，实在门外，耗时耗财，原地徘徊。

把翡翠入行必须掌握的那些基础知识整理出来，略去通常的叙述文字，用一种简捷的、断语式的行文方法，再配合图解，用讲话的方式慢慢叙述，并不断地提问探讨，力图在30分钟内高效地讲述一块知识。省时省力，愉快启迪。这就是笔者的一番用心，可谓良苦。

由于少了些承上启下的说明，或许有些地方一时难于读懂，别着急，不要紧，借用几句云南民间祝酒歌送给您："不管喜欢不喜欢，也要嚼，喜欢了，使劲嚼，不喜欢，慢慢嚼。"注意，不是"喝"是"嚼"，因为，这些东西是干货。

翡翠入行的那些事

30分钟慢话翡翠

目　录

翡翠入行 *的那些事*

30 分钟 慢话翡翠

翡翠入行 的那些事

30 分钟
慢话翡翠

第一话 翡翠 得名

◦ "翡翠" 名称的由来 ◦

翡翠鸟：红翡绿翠

1. 以产出地名命名玉石

在中国玉器与玉文化悠远的长河中，绝大多数玉石都是以产出地名来命名的，如新疆和田产的叫"和田玉"，辽宁岫岩产的叫"岫玉"，广东信阳产的叫"信阳玉"，等等。但是，云南腾冲人发现的这种玉石实在是太漂亮了，仅以地名来称呼远不能表达人们的喜爱之情。幸好大自然无独有偶，赶马人在滇西沿途的河塘边常看到一种美丽的翠鸟，这种鸟背翅上的蓝绿色和腹部的橙红色，与玉石上的蓝绿色和橙红色极为相似，于是，烂漫的云南人就把这种玉称为"翡翠"。

2. "翡翠"指双色翡翠鸟

双色翡翠鸟在中国南方广大的地区都有。汉代许慎《说文解字》中还记载有单色的翡翠鸟："翡，赤羽雀也，出郁林，从羽，非声。""翠，青羽雀也，出郁林，从羽，卒声。"很多古籍都记载有翡翠鸟。

由于翠羽漂亮，古时皇后嫔妃将其作为饰物，明代孝端皇后的凤冠就饰有翡翠鸟羽，而制作的工艺就叫"点翠"。

明清两代，朝廷已将这种玉作为珍宝使用，并在腾冲设专职官员采购，清代尤盛。

可见，民间和朝廷"朝野呼应"，玉石和翠鸟"天合之作"，久而久之，此玉就喜得"翡翠"之名了。

3. "翡翠"明确指玉石

也有不少古籍的"翡翠"一词联系前后文文意，明确是指玉石，如，东汉史学家班固《西都赋》："翡翠火齐，流耀含英。悬黎垂棘，夜光在焉。"这些史料中出现的翡翠，可以确认是玉石。但也有人认为，这些史料上的翡翠未必就是现今缅甸的翡翠，其理由主要是：迄今为止，中原地区元代之前的墓葬或遗址中尚未出土过缅甸的翡翠，这倒也是一个待考的实证。

其他关于翡翠名称的说法，没有考证，只是猜想，不再列举。

明孝端皇后贴翠鸟羽的凤冠

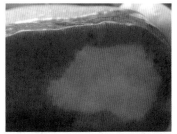

红翡

黄夹绿

绿翠

翡翠玉发现的传说

1. 磨石见翠

当马帮从印度返回穿过野人山时，为平衡马驮，马锅头随手捡了一块石头放在驮筐里，带回家，随意丢在马厩里当拴马的桩头。久而久之，石头皮被疆绳磨破，才发现是一块又翠又水的美玉。

2. 烧石见翠

当马帮从印度返回到雾露河时，在小溪边埋锅造饭，马锅头随意捡了几块石头搭灶，饭毕，取水灭火，热石骤冷，裂开，竟发现是一块又翠又水的美玉。

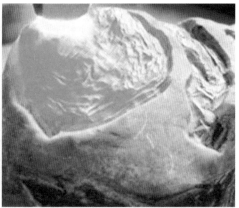

3. 踏石见翠

《缅甸史》载，受封的土司珊龙帕在孟拱河渡河时，脚踏一块鼓形大石，仔细看时，发现是蓝色的，认为是好兆头，便下令筑城，取名孟拱，孟拱是鼓形蓝石之意，蓝石便是翡翠。

4. 翡翠仙女

翡翠仙女原是大理国的一位公主，有倾城倾国之貌，温柔善良之心。大理国征服那一带时，与当地的部族首领联姻和亲，公主嫁过去后，也带去了医术，她经常进山采药，为当地民众治病，自

己却不幸染上了瘴气，香消玉殒。当地部族为了纪念她，欲将她火化，盼她升天成仙，她却甘愿入地，变成翡翠，继续为民造福。因此，翡翠才如此地美丽。

翡翠何时大量进入中原

在翡翠发现史的研究中，曾见文献最早追溯到周代，西南夷带翡翠、大象等朝贡，可惜只有只言片语；又见北宋欧阳修记载家中有翡翠瓶并与友人共赏，较为可信。等等还有多例，但均为孤证。

也许，作为遥远的西南异域之宝，零星流入中原，也是史实。所以，我们曾把那段时期称为翡翠的"零星异宝"时期。

如今，翡翠一词成为缅甸这种玉石的商业名称，具有专属性，已无可替代。那么，翡翠是何时大量进入中原的呢？

是在明、清两代，距今五六百年。明代《徐霞客游记》中，就有他在腾冲与几位翡翠商人交往的详细记录。而清代的文书记载、世间留存以及墓葬出土，

则都十分丰富，不胜枚举。这一结论符合史实，已是专业共识，毫无疑义。

翡翠从西南蛮荒的野人山雾露河走来，走进了以和田玉为代表的中原玉石大花园，从默默无闻到名闻遐迩，终于艳压群芳而荣夺桂冠，近十几年来，其销售额在所有珠宝玉石中几乎占据了半壁江山。

翡翠为什么值钱

说千道万，所有珠宝玉石是否值钱的根本原因，归根结底就是三个字：美、久、少。

三个字都占全了，并且都处于高端，就很值钱。如钻石、红宝石；少一个字就掉价，例如玛瑙，又美，又久，但太多，不值钱；少两个字呢，更不值钱，如普通淡水养殖珍珠，虽美，但不久且多，很便宜。三个字都没有呢？想必读者自有答案了。

而翡翠，尤其是中、高档翡翠，三个字都处于高端中的顶端，就最值钱。请看：

1. 美

"玉，石之美有五德者"，许慎这句话点出了自古以来人们对玉石的直观认识——美丽的石头。美至关重要且首当其冲，美是不可或缺的先决条件。世人喜爱、使用、鉴赏、收藏珠宝，首先就是被珠宝的美丽所吸引。

而翡翠的美，妙不可言。

（1）色彩美

翡翠之美首先在色。很多人以为只有绿色，但实际上，翡翠的颜色非常丰富，在宝玉石中是最全的，

民间有"108 色"之说，正是对翡翠丰富色彩的溢美之词。除最贵的绿色外，还有红色、黄色、紫色、蓝色、青色、白色、黑色等，还有黄夹绿、春带彩，以及三色、多色翡翠。虽然翡翠以绿为贵，但各种色泽有不同的性格特征和表现力：红翡喜庆，紫罗兰贵气，蓝翡翠静谧，墨翠深邃……

每一种颜色都很惹人喜爱而上档次，尤其是这些色彩与种水融合的翡翠，更显鲜活灵动，展现出其他玉石无以比拟的美。

（2）质地美

翡翠之美还在质地。质地由种、水、底、光综合体现，翡翠有多样的种，从玻璃种、冰种、糯种、豆种，到瓷种，以及它们之间一系列的过渡的种质，其质地细腻温润，颜色分布随机。每一种质地的"透明度"也不一样，或通透或朦胧，给人一种空灵高雅的视觉冲击，这就是水头，各种水头所展现出的不同的灵动感，也呈现出各种难以言喻的意境美，给了人们无限的想象空间。

和其他珠宝的光芒四射不同，翡翠总是含蓄深邃的，即使是极品翡翠，也不会有咄咄逼人的光芒；因此翡翠莹润柔顺，让人看不透摸不准，总是带着神秘的美。

翡翠千变万化的色种水的自然美远胜于其他玉石，为我们展开了广阔的审美空间。而每一种自然美都可以解读和引申出若干韵味和意境，就像梦中的仙境有无穷的变幻一样，这种心境与意境融通的美感，是高层次的审美，为我们打造出另一番奇妙的境界，可以让我们久久凝视而不忍离去。

（3）文化美

中国有根深叶茂的玉文化。自古以来，人们把玉石作为品德的象征及护身符，并赋予她各种吉祥寓意。

翡翠的出现极大地开拓和深化了玉文化特征。人们根据她独特的玉质变化创作出无尽的艺术品，把它雕刻成主题丰富的各种挂件、摆件，如花鸟鱼虫、神兽瓜果、人物神像等，也设计出款式多样的各类手镯、戒指、手链、项链、胸针等。而所有形象造型都各有不同的内涵，代表着传统文化、吉祥愿望、感情依托以及价值取向等，人们在佩戴把玩的过程中，尽情地享受着中国文化多样美的情趣和熏陶。

关于翡翠的美，说不完，道不尽，可移步笔者另一部专著《翡翠为什么这样美》，尽情欣赏。

2. 久

翡翠的耐久性。首先，是因其硬度高，韧性强，使用时耐碰耐磨而不会受损。其次，是因其化学性质稳定，在日常生活条件下，不会和其他液体或气体发生反应，也就是不会被它们破坏而永保美丽，因而可以作为传家宝代代相传。

久远性是人们选择宝玉石的第二个硬要求，那种几月几年就变了不美的东西，自然不受待见。

3. 少

自然界有数千种矿物，其中美观、耐用，又适合加工做珠宝首饰的却仅有百余种，常见的玉石仅二十余种，翡翠便是其中之一。

翡翠是不可再生的矿产资源，产地在缅甸北部的胡康山（汉人叫"野人山"）雾露河流域，储量有限，很早就被开采，产出过不少高档翡翠。本来，翡翠的稀少程度恰到好处，太少了不够市场流通，太多了又会烂价。但经过几百年的开采，特别是近二十年大型机械的大规模开采，优质翡翠矿源几近枯竭，求一块高档翡翠毛料难上加难。

资源的日渐稀少已导致价格不断攀升，但人们的需求却不减只增。于是近年来，中美洲危地马拉的翡翠，行业称"危料"，已涌现于国内市场。

在稀少性中，翡翠还多了一个"独"字。由于翡翠的玉质高度的"非均一性"，导致任何单件成品都是独一无二的，"世上没有完全相同的两件翡翠，就像没有完全相同的两个人一样"。这个"独"字，正好满足人们不愿"撞山"而要"独美"的个性化心理需求。

美、久、少、独，翡翠占全，既走在时尚的前沿，又极具收藏价值，难怪她成了人们穷追不舍的宝贝。

下面，让我们掀起翡翠神秘的盖头，细细品味，慢慢道来。

30

分钟
慢话翡翠

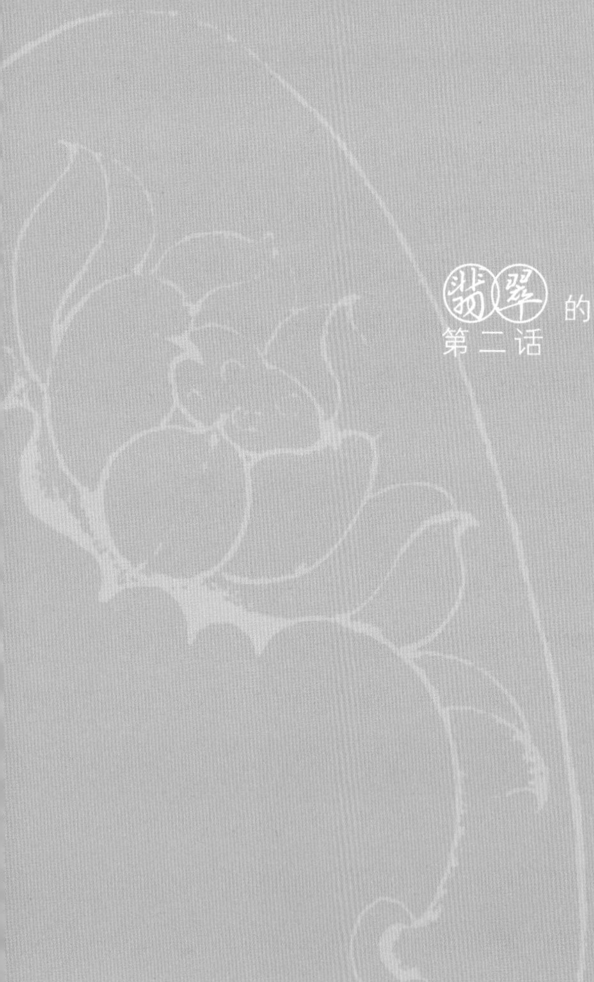

第二话 翡翠 的 归类

珠宝玉石的分类

国家标准 GB/T 16552-2017 把所有珠宝玉石分为两大类，共七小类：

1. 天然珠宝玉石

（1）天然宝石：如钻石、红宝石、蓝宝石、祖母绿等。

（2）天然玉石：如翡翠、和田玉、绿松石、黄龙玉等。

（3）有机宝石：如琥珀、珍珠、珊瑚、砗磲、玳瑁等。

2. 人工珠宝玉石

（1）合成宝石：自然界已有人工合成，如合成红宝、合成水晶等。

（2）再造宝石：用天然的碎屑再造，再造琥珀、再造珍珠等。

（3）人造宝石：自然界没有人工合成，如水钻、莫桑石等。

（4）拼合宝石：两种宝石粘合，如拼合欧泊等。

 ## 宝石和玉石的定义比较

	宝石	玉石
定义	由自然界产出的，具有美观性、耐久性、稀少性，可加工成饰品的矿物单晶体	由自然界产出的，具有美观性、耐久性、稀少性和工艺价值的多晶多矿物集合体
相同点	由自然界产出的	
	具有美、久、少特性	
不同点	矿物单晶体	多晶多矿物集合体

注意重点：

通俗讲，宝石和玉石划分的依据在晶体的数量上。

宝石是由单个晶体加工制成。玉石是由一种矿物或多种矿物的无穷多个晶体的集合体——岩石加工制成。

 宝石的原料和玉石的原料对比举例

宝石原料　　　　　　　　　玉石原料

祖母绿晶体　　　　　　　　翡翠带色毛料

红宝石晶体　　　　　　　　翡翠红翡毛料

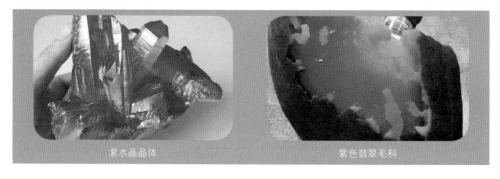

紫水晶晶体　　　　　　　　紫色翡翠毛料

宝石原料　　　　　　　　　玉石原料

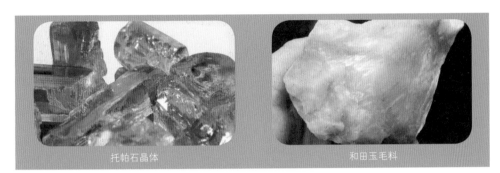

托帕石晶体　　　　　　　　和田玉毛料

海蓝宝晶体　　　　　　　　翡翠蓝水毛料

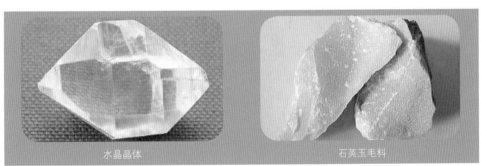

水晶晶体　　　　　　　　　石英玉毛料

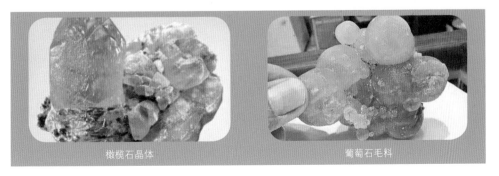

橄榄石晶体　　　　　　　　葡萄石毛料

宝石原料

玉石原料

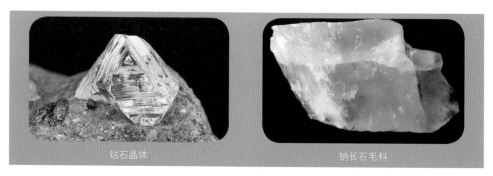

钻石晶体

钠长石毛料

金绿宝石晶体

岫玉毛料

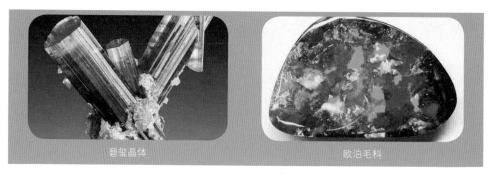

碧玺晶体

欧泊毛料

珠宝分类歌

宝石	玉石	有机宝石
有个家庭很热闹， 单晶组成他都要； 上百成员都叫宝， 何止钻石与红宝。	有个家庭很热闹， 多晶组成他都要； 上百成员都叫玉， 何止翡翠与玛瑙。	有个家庭成员少， 珍珠琥珀都知晓； 来自动物和植物， 所以叫作有机宝。

 ## 宝石和玉石的常见数量比较

	宝石	玉石
总的种类	100 多种	
进入国标的种类	47 种	40 种
常见常用的种类	20 多种	
常见常用品种	钻石、红宝石、蓝宝石、祖母绿、碧玺、金绿宝石、尖晶石、石榴石、海蓝宝石、橄榄石、锆石、水晶石……	翡翠、和田玉、蓝田玉、岫玉、独山玉、黄龙玉、缅黄、南红、水沫玉、各色玉髓、汉白玉、青金石、葡萄石、欧泊、玛瑙…… 还在不断发掘，例如：川红、甘红、战国红、石林彩玉……

认识常见宝石的原石与成品

钻石原石

钻石成品

钻石成品

钻石成品

钻石成品

祖母绿原石

祖母绿成品

海蓝宝原石

海蓝宝成品

榍石原石

榍石成品

榍石成品

金绿猫眼成品

金绿猫眼成品

金绿猫眼原石

红宝石原石

红宝石成品

红宝石成品

鸽血红原石

鸽血红成品

蓝宝石原石

蓝宝石成品

蓝宝石成品

紫水晶原石

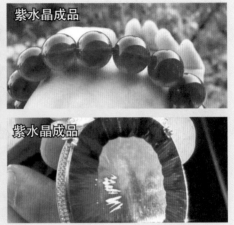

紫水晶成品

紫水晶成品

尖晶石原石

尖晶石成品

尖晶石成品

尖晶石成品

橄榄石原石

橄榄石成品

橄榄石成品

橄榄石成品

托帕石成品

托帕石原石

托帕石原石

托帕石成品

托帕石成品

葡萄石原石

葡萄石成品

青金石原石

青金石成品

欧泊原石

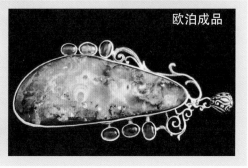
欧泊成品

认识常见玉石

绿松石

和田玉

蓝田玉

黄龙玉

战国红

无色石英岩玉（SiO_2）

独山玉

岫玉

南红

海洋玉髓

川红

红玉髓

东陵玉

玛瑙(SiO₂)

寿山石

硅 Si 占地壳重量的 49.6%！

缅甸的几种玉

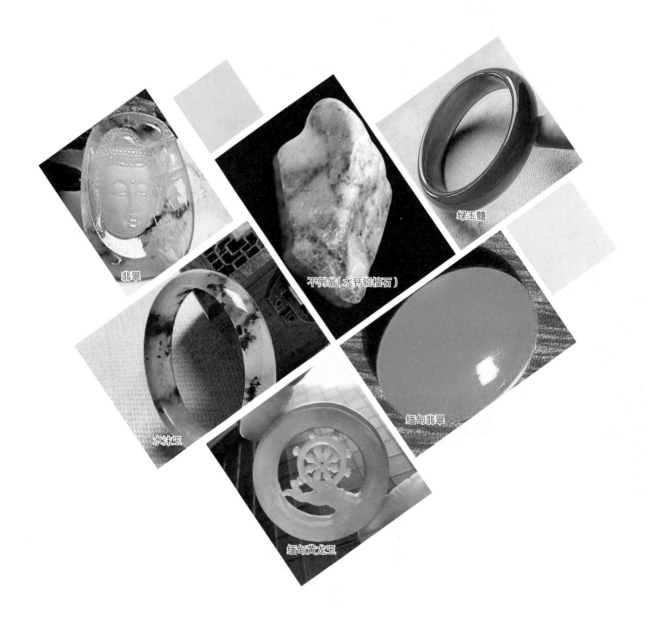

翡翠

不倒翁（水钙铝榴石）

绿玉髓

水沫玉

缅甸翡翠

缅甸黄龙玉

又说翡翠又说玉，到底是怎么回事

玉是总称，翡翠是玉石中的一种，

两个名称的互用，就看说话时的语境，例如在云南讲玉，就是指翡翠。

日常生活中这样的例子比比皆是，

例如：水果是总称，苹果是水果中的一种；汽车是总称，轿车是汽车中的一种……

 ## 硬玉和软玉是怎么回事

1. 两个名称的由来

法国矿物学家德穆尔（A.Damour），于 1846—1863 年间获得和田玉与翡翠的样品，在其实验室用现代矿物学方法研究，得出各项数据，并据硬度将两种玉石分别称为"硬玉"和"软玉"，发表论文向国际矿物协会报告。时年，在缅甸是贡榜王朝、在中国是清朝咸丰（慈禧老公）年间，距今约 150 多年。

2. 国际矿物协会（IMA）确认

软玉是已知矿物品种（透闪石 – 阳起石）。

硬玉是新发现的矿物品种（三种主要矿物）。

采纳德穆尔使用的"硬玉"和"软玉"两个名称。

3. 100 多年后，国内学者引进这两个名称，而使用者则发生误传

硬玉专指翡翠，软玉专指和田玉。

玉石是按组成它们的矿物成分来分类并命名的。

把所有玉石分为硬玉和软玉两大类的说法，是完全彻底错误的！

玉石的名称是如何确定的

通常，一种玉石会有四个名称：化学名称、矿物学名称、宝石学名称、市场名称，例如：

翡翠：连硅酸铝钠、钠铝辉石、硬玉、翡翠。

和田玉：含水钙镁硅酸盐、透闪石、软玉、和田玉。

玛瑙：二氧化硅、石英岩玉、玉髓、玛瑙。

市场名称是民间按传统习惯或者产地称呼的，产地多则名称更多，例如：

岫玉：含水镁硅酸盐、蛇纹石、蛇纹石玉。辽宁产的叫岫玉、山东产的叫泰山玉、甘肃产的叫酒泉玉、广东产的叫信宜玉、广西产的陆川玉、新疆产的叫昆仑玉、新西兰产的叫鲍纹玉等。

通常大家都叫市场名字，各地产的就叫各地的名字。

严格讲，宝玉石名称应按国家标准 GB/T 16553—2017 规定称呼。质检部门出具的证书中"鉴定结果"的名称，就是按国标规定定名的。

翡翠入行 的那些事

30 分钟
慢话翡翠

第三话 翡翠 的 性质

翡翠的主要物理性质

1. 硬度

（1）矿物与珠宝玉石的硬度——摩氏硬度。

摩氏硬度：物体抵抗互相刻划时不受划损的性能，用已知的 10 种矿物作为互刻的标准。

最硬的是金刚石为 10，最软的是滑石为 1。

（2）水的硬度（钙、镁离子含量）与金属的硬度（绝对硬度），可作参考，以助理解。

（3）几种常见物品的摩氏硬度，可作对比使用。

名　称	硬　度
翡翠	6.5~7
和田玉	6~6.5
金刚石（钻石）	10
滑石	1
玛瑙	7
南红	7
水晶	7
花岗岩	6
铁钉	4.5~5.5
小刀	5
玻璃	5
指甲	3
银	3
金	2.5
琥珀	2.5

（4）应用：知道翡翠与上表的各种物体擦蹭时，谁完好、谁受损了吧？

2. 韧性

（1）韧性：物体受外力撞击时抵抗断裂的能力。

钻石 100 很差，和田玉 1000 最好，翡翠 500 很好。

（2）硬度与韧性的区别

硬度高不一定韧性好，两者无必然联系，例如：钻石，硬度最高但韧性很差。

（3）应用：知道钻石、翡翠佩戴时要避免什么吗？

3. 密度

（1）几种矿物的密度

名　称	密度（g/cm^3）
翡翠	3.33
和田玉	2.9~3.1
岫玉	2.44~2.82
绿玉髓	2.61~2.65
花岗岩	2.80~3.07
普通砾石	2.65~2.75
水晶	2.66

（2）应用：知道矿山技术员在人力能抬动时怎样分选翡翠毛料吗？您别掂，因为您不经常掂。

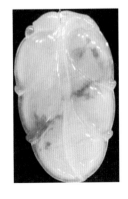

4. 折射率

（1）1.660 ~ 1.680，所有珠宝无一相同，像人的指纹一样。

（2）应用：知道鉴定所用它干什么吗？

5．透明度

（1）全透明、透明、亚透明、半透明、微透明、不透明。

钻石全透明，和田玉不透明，翡翠从透明到不透明。

（2）应用：看看评估水头时如何离不开它？

6．光泽

（1）珠宝玉石的光泽（国标、国际通用）：

宝石学专用术语：金刚光泽、亚金刚光泽、玻璃光泽、亚玻璃光泽、油状光泽、蜡状光泽、丝绢光泽、珍珠光泽。

钻石金刚光泽到亚金刚光泽两种，和田玉油脂光泽到丝绢光泽三种。翡翠从亚金刚光泽到丝绢光泽六种，且还可细分。

（2）应用：看看评估价值时怎样使用它？

翡翠的主要化学性质

1．翡翠的化学性质

（1）化学性质很稳定：日常生活条件下，洗涤剂、化妆品、调味剂、汗液等，都不会与翡翠发生反应。

（2）应用：戴着它可以做些什么？佩戴和保养会有什么感受？

2．对比

（1）珍珠、银饰等的化学性质不稳定，日常生活条件下，容易被氧化或硫化，与洗涤剂、化妆品、调味剂、汗液等接触会反应受损变暗变闷。

（2）应用：知道如何佩戴和保养自己的宝贝了吧？

翡翠佩戴注意事项

1. **化学性质稳定、硬度较高、韧性好三个优势**

生活中（厨房、浴房、化妆、擦蹭）可以随意佩戴。但须避免碰、摔、晒、烧。

2. **关于民间两个传说的分析**

（1）人养玉，玉养人：油脂对晶隙的渗入，玉石对皮肤的按摩。

（2）越戴越水，越戴越亮：油脂对晶琼和微隙的渗入。

翡翠生来硬度高　　不怕玻璃不怕刀
其他磨蹭更不怕　　只怕火烧和摔跤

翡翠性格很稳定　　谁都不跟她反应
油盐酱醋化妆品　　随意佩戴很放心

宝玉石鉴定证书认读与通俗解释

1. 常见宝玉石鉴定证书

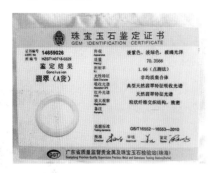 

2. 证书上的标志

①省级
质量技术监督计量
认证标志

②国家级
合格实验室认
证标志

③国际间
计量联合互认标志

④国际间
实验室联合互认
标志

3. 翡翠检测项目与结果简介（像体检）

（1）密度：3.32，重液中缓慢下沉。（像测体重指数）

（2）挂件手镯质量：称量。（像称体重）

　　　手镯内径：卡量。（像量腰围）

（3）放大检查：晶型与结构。（像查骨骼和骨密度）

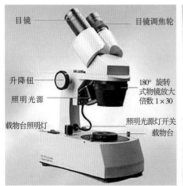 

40 倍宝石显微镜

（4）光谱特征吸收线：437nm 吸收线。（像 DNA 对比）

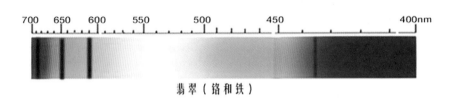

翡翠（铬和铁）

宝石名称	光谱图	描述
蓝宝石	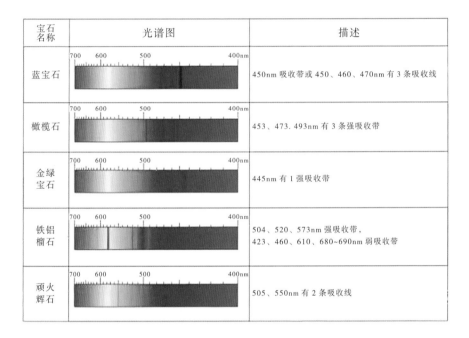	450nm 吸收带或 450、460、470nm 有 3 条吸收线
橄榄石		453、473.493nm 有 3 条强吸收带
金绿宝石		445nm 有 1 强吸收带
铁铝榴石		504、520、573nm 强吸收带，423、460、610、680~690nm 弱吸收带
顽火辉石		505、550nm 有 2 条吸收线

　　可见，不同的宝石和玉石都有自己不同特征的光谱吸收线，这些吸收线可用宝石分光镜观察。

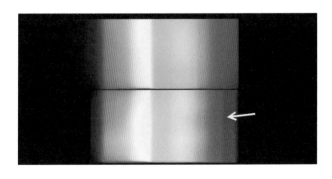

便携式分光镜

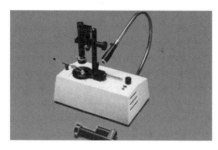

台式分光镜

（5）红外光谱：翡翠特征光谱。（像人脸识别）

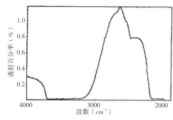

天然翡翠天然透射红外光谱

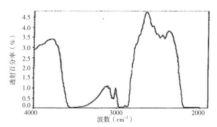

典型翡翠 B 货透射红外光谱

红外光谱仪

（6）折射率值：1.66（点测）。（像指纹对比）

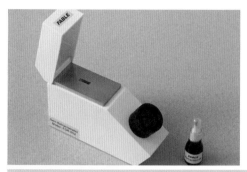

折射仪

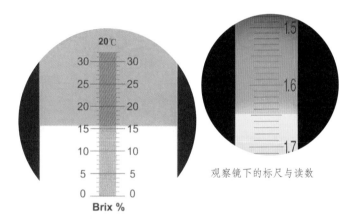

观察镜下的标尺与读数

（7）偏光镜：非均质集合体的四明四暗。（像拍胸片）

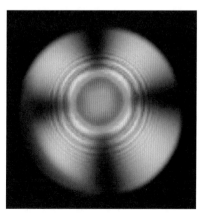

偏光镜　　　　　　　　　　　　　　四明四暗

35

第四话 翡翠 的 形成

翡翠矿是怎样生成的

1．成矿动力

（1）板块碰撞：前期印度板块俯冲与欧亚板块仰冲，后期太平洋板块挤压。

（2）两次碰撞：前期在白垩纪晚期、后期在古近纪早期，各一次。

2．成矿区域

（1）位于实皆—密支那板块缝合线西侧，印度板块一边。

（2）喜马拉雅山系与横断山系同期形成。

3．成矿条件

高压低温。

（1）6×10^3（千帕）。

（2）150~300℃。

（3）地质学家们判断云南无翡翠矿，知道为什么了吗？

4．成矿时间

距今5000万~8000万年（地质年代，放射性同位素"核时钟"测定）。

5．成矿母岩

（1）很多研究认为，钠长石 $NaAlSi_3O_8$ 是翡翠的母岩。

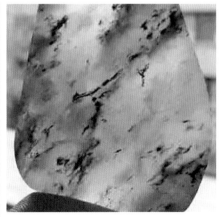

水沫玉与翡翠共生的三块毛料

（2）钠长石去一个二氧化硅即生成翡翠。

$$NaAlSi_3O_8 - SiO_2 = NaAlSi_2O_6$$

（3）钠长石（水沫玉）与翡翠共生，见上图共生矿毛料。未完全转化的钠长石残留在翡翠中形成"棉"。

6. 成矿岩体

（1）三大岩类：岩浆岩（火成岩）、沉积岩、变质岩。

（2）超基性岩 $SiO_2 \leqslant 45\%$（基性岩、中性岩、酸性岩 $SiO_2 \geqslant 55\%$）。

（3）原生矿形成在超基性岩的蛇纹石化橄榄岩中。

7. 矿床类型

原生矿床、雾露巨砾岩矿床、残坡积矿床、现代河流冲积矿床。

8. 成矿面积

（1）现在面积：南北长约190千米，东西宽约40千米，面积约7500平方千米

（2）远景面积：约两万平方千米。

9. 成矿后的三种重要变质作用

（1）动力变质作用。

原因：地层强烈挤压，压力剧增。

过程：晶体破碎变小，同时糜棱化。

结果：变为微晶或隐晶，种质变好！

（2）重结晶变质作用。

原因：压力与温度变化。

过程：引起重（再次）结晶；先期析出的晶粒小，后期析出的晶粒大。

结果：若同期，全变小，种质变好；若不同期，同一块体上晶体的大、小渐变（变种）。

（3）交代变质作用。

原因：带致色离子（见下述11.例2例3）的岩浆（热液）浸入高压高温，1200℃、6000Pa大气压。

过程：发生晶格质点交代作用，又称类质同象替代作用。

结果：铬离子等进晶格成质点而致色，晶粒细化种质同时变好。

10. 重要结论

前期成矿后，又有三种地质作用多期次发生，历时约 3000 万年，所以：

（1）种好水好色好的高品质翡翠是后期形成的！

其形成时间离现在的年代，是更近而绝不是更远，是更晚而不是更早！

（2）后期生成高品质翡翠的多种地质条件极为苛刻：

压力、温度、重结晶程度、碎裂程度、糜棱化程度、交代程度、致色离子浓度，千万年长期地质年代的多期次改造等八类地质条件的一种或多种作用。

（3）不同场口区域地质条件不同，八个条件极难同时具备！

11. 动力变质与重结晶变质成矿举例

> 所以，高品质的翡翠极为稀少，带绿的只占百万分之五左右！

例 1 动力变质与重结晶变质：种好水好。

2019 年缅甸公盘上的种水料

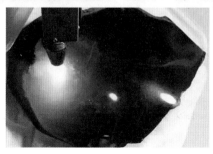
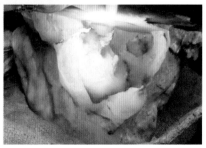

例 2　交代变质：热液浸入成色带

2019 年缅甸公盘上的色料

例 3　交代变质的双重结果：热液浸入带色变种，"龙到处有水"现象并不鲜见。

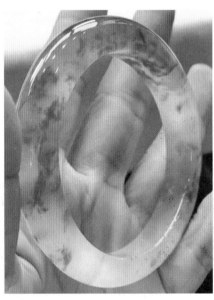

翡翠的元素组成

1. 地质学中对"微量元素"的定义

地壳中含量在万分之一以下的元素称为微量元素。

2. 翡翠中含有的元素

钠、铝、硅、氧、铁、铬、锰、钒、钙、镁、氢等10多种元素的含量都在万分之一以上，所以是常量元素，没有微量元素。

翡翠的矿物组成

1. 翡翠的主要矿物成分

硬玉、钠铬辉石、绿辉石是翡翠的三种主要矿物成分。

三种主要矿物之间的关系：此消彼长，此长彼消。

$$NaAlSi_2O_6 \rightleftharpoons Na（Al^{3+}，Cr^{3+}）Si_2O_6 \rightleftharpoons NaCrSi_2O_6$$

硬石　　　　　　　　钠铝辉石　　　　　　钠铬辉石

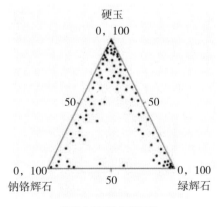

翡翠主要矿物三端元图

硬玉、钠铬辉石、绿辉石这三种矿物的固溶体显现出了多样的变化。对翡翠某个样品的三种主要矿物的百分数进行测定，便可以在图上投点，大量的样品投点，便可以得出上述三端元图。从图上可以形象地看出，投点集中最多的是硬玉端元、绿辉石端元较少，钠铬辉石端元最少。该图说明：

（1）这三种矿物普遍存在于翡翠之中。

（2）这三种矿物中硬玉的含量最多。

（3）投点分别靠近三个端元，翡翠固溶体就分别转化为较纯净的这三种矿物，它们形成翡翠的三个品种：翡翠、墨翠、干青。

2. 翡翠的次要矿物成分

钠长石：$NaAlSi_3O_8$，白色不透明。

赤铁矿：Fe_2O_3，红色不透明。

褐铁矿：$FeO(OH) \cdot nH_2O$，褐色不透明。

铬铁矿：$FeCr_2O_4$，黑色不透明，其中 Cr^{3+} 可与硬玉中的 Al^{3+} 发生类质同象替代，进入硬玉晶格显绿色。

碱性角闪石：黑色不透明，会与硬玉发生交代而产生大片的黑色，交代残余也会形成孤立的点、片状黑色。

◦ 翡翠的晶体形式 ◦

> 翡翠是多晶多矿物集合体。

1. 单晶体与晶系

（1）晶体：晶体是由大量微粒（原子、离子、分子）按一定规则排列的固体。

（2）晶格：质点在空间有规律地重复排列，形成不同形状的格子构造。

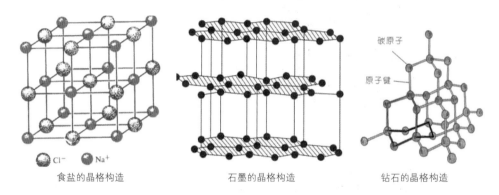

食盐的晶格构造　　　　　　石墨的晶格构造　　　　　　钻石的晶格构造

（3）七大晶系：等轴晶系、四方晶系、斜方晶系、单斜晶系、三斜晶系、三方晶系、六方晶系。

（4）146 种晶体。如水晶是六方柱状双锥体，属六方晶系。硬玉是斜方柱状晶体，属单斜晶系。

2. 非晶体：微粒组分无序集合

如玻璃、沥青……

3. 多晶集合体

（1）晶体的大小。

显晶：$r \geqslant 0.3mm$ 　　　肉眼明显可见

微晶：$0.3 > r \geqslant 0.1mm$ 　　肉眼隐约可见

隐晶：$r < 0.1mm$ 　　　肉眼不可见

伟晶：单晶巨大

（2）晶隙：晶体之间的间隙。

晶隙示意图

显微镜下，多晶集合体玉石与单晶体宝石的对比：

翡翠　　　　　　　　　　　　　　和田玉

钻石　　　　　　　　　　　　　　红宝石

翡翠硬玉晶体的结构

> 翡翠的三种主要矿物成分：硬玉、绿辉石、钠铬辉石。
>
> 这三种主要矿物的晶体结构都有一个共同点，即都具有硅氧单链且以 $\{Si_2O_6\}^{4-}$ 为链节。矿物学中正是把具有这一特定结构的矿物归为一类，命名为辉石类矿物。

1. 翡翠

矿物名称硬玉，属辉石类矿物。

辉石类矿物通式是 $R_2Si_2O_6$，由两个硅氧四面体为基本链节，组成硅氧单链骨干，形成晶体。凡有此结构的若干种矿物，统称辉石类矿物，翡翠是其中之一。如下图所示：

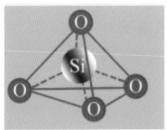

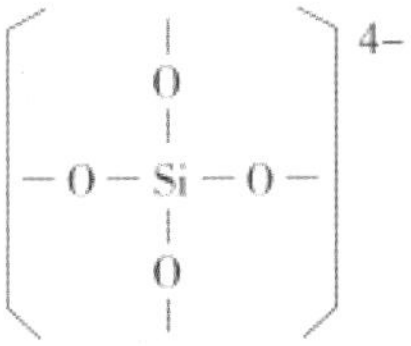

图 1-1-1　硅氧正四面体

$$\left[\begin{array}{c} | \\ O \\ | \\ -O-Si-O- \\ | \\ O \\ | \end{array} \right]^{4-}$$

Si：硅原子
O：氧原子

图 1-1-2　SiO_4^{4-} 的结构简式

图 1-1-3
翡翠单链结构球棍模型

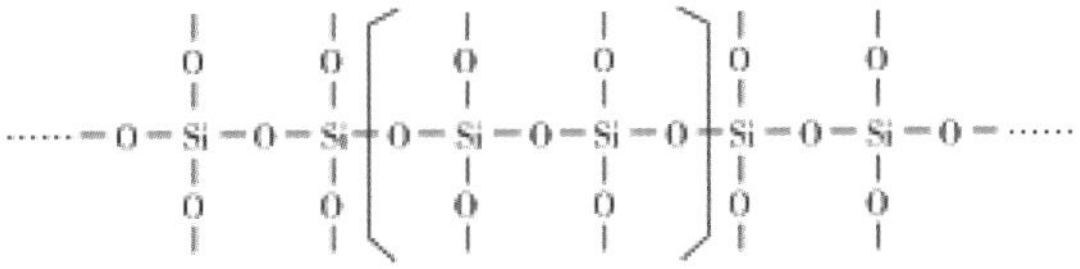

图 1-1-4　辉石类硅氧单链中的链节

2. 和田玉

矿物名称透闪石，属闪石类矿物。

闪石类矿物通式是 $R_7[Si_4O_{11}]^2(OH)_2$，它们都具有硅氧双链骨干，和田玉是其中之一。如下图所示：

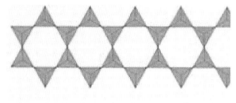

> 与辉石类矿物相对应的是闪石类矿物，具有硅氧双链骨干。
>
> 用上述两种玉为例特别说明：所有的玉石，是根据不同的矿物成分来分类的。

翡翠的致色离子

1. 翡翠的主要致色离子

（1）Cr^{3+}：绿色系列。

（2）Fe^{3+}：红 – 黄色系列。

（3）Mn^{3+}：紫色系列。

（4）V^{4+}：蓝色系列（或其他离子叠加，较复杂）。

（5）白色：对光的全反射，无致色离子。

（6）黑色：对光的全吸收，无致色离子。

2. 翡翠的其他致色离子

翡翠的颜色还受阴离子和其他次要离子的影响，太复杂，略去。所以前面特别强调了"主要"。

> 绿色三价铬离子　　　　　　翡色三价铁离子
>
> 紫色三价锰离子　　　　　　蓝色四价钒离子

○ 色的原生与次生 ○

1. 原生色

（1）成因：成矿时热液浸入，致色离子通过交代作用进入晶体内部，或在成矿时致色离子直接参与晶体形成。两种情况下致色离子都是在晶格中致色，叫原生色。

（2）稳定性：很稳定，永不褪色。

（3）色形：千变万化，自然天成，很漂亮，极耐看，源头美，是灵魂！

2. 次生色

（1）成因：成矿后，在风化过程中致色离子以矿物形式渗入，在雾层、晶隙或裂隙中致色，在晶体外部，叫次生色。

（2）稳定性：较稳定不褪色，但可被强酸渗入裂隙晶隙溶解褪色。

（3）色形：各方面比原生色稍差，但展现另一种美，多见于翡色。

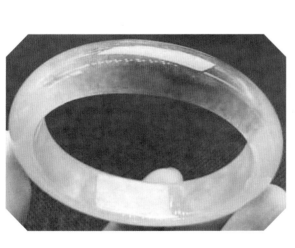

翡翠入行 的那些事

30 分钟 慢话翡翠

翡翠 的 产地

第五话

老（新）坑玉、老（新）场玉、老（新）玉到底是怎么回事？

 翡翠的产地行话

1. 从矿床学的角度

（1）原生矿。

成矿后，从未经过自然力（地震、火山喷发、风吹雨淋、河流搬运等）移动过、也未经风化过的矿床，原封不动就在那里待着，叫原生矿。

外观：有棱角，无滚圆度。

品质：原生态，有好有差，差的未淘汰，所以好少差多。

（2）次生矿。

成矿后，经过自然力（地震、火山喷发、风吹雨淋、河流搬运、河水冲刷等）移动并风化过的矿床，被移动过了，叫次生矿。

外观：棱角不明显或无棱角，有一定滚圆度，有皮壳，皮壳或厚至数厘米，或薄至小于1毫米。

品质：疏松部分被碰撞碎离，或磨损沙化，所以好的比例上升。

2. 从开挖地点的角度

（1）山石：山上挖出。

原生矿、次生矿都有。

品质：原生矿好少差多比例不变，次生矿好的相对多些。

（2）水石：河床、河滩地采得。

全是次生矿。

外观：滚圆度好。

品质：好的相对多些。

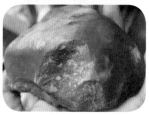

（3）半山半水石：从坡积、残坡积矿床中开采而得。

次生矿，有搬运不远的，也有搬运很远又重新富集成矿的。

外观：有一定磨损度和滚圆度。

品质：好的相对多些。

3. 从开挖时间先、后的角度（早期）

（1）先开采的毛料叫老场玉、老坑玉、老山玉、老玉。

场口：老场，老场口；老坑，老坑口。

开采：无目的，早发现；河滩山沟、先捡先采；据民国时期腾冲尹明德《云南北界勘察记》载：最早的老场口是格地模、麻蒙、马萨、帕敢、会卡、于明朝嘉靖年间（1522—1566）发现，并进行地表挖采或小洞口开采，3至5人一洞，小规模。

规律：全是次生矿且暴露于地表，所以，好的多些。

（2）后开采的毛料叫新场玉、新坑玉、新山玉、新玉。

场口：新场、新场口；新坑、新坑口。

开采：有目的，晚发现；挖地下开山洞，后挖后采；根据腾冲人徐宗樨记载：最早的新场口叫东摩场，于光绪（1875—1908）初年被当地原住民发现，数百人大规模洞采，光绪末年卖给了汉人。（见《翡翠简史》黄永康、段治葵）

规律：原生、次生都有，所以，好少差多。

新、老概念的重要演变与现实应用

1. 玉矿规律

出现好玉的概率次生矿多于原生矿。先（老）发现的好玉多于后（新）发现的。老的好新的差。

2. "新、老"概念的演变

（1）从开采时间的先后（老场、新场）→通过玉质好坏的概率（老采好玉多新采差玉多）→潜移默化为成矿时间的先后→老早成矿的是好玉，新近成矿的是差玉→容易与某些"老好新差"的经验联系理解：老玉好，新玉差→于是变成时间误区：老玉成矿早，新玉成矿晚。

（2）其实现代是混采，原生次生都有，新采出很多好玉。

（3）"老、嫩"的扩展，都渗有时间的概念：种的老、嫩；色的老、嫩。

（4）现实应用：行业中，说"老"就是好，说"新""嫩"就是差。

 **翡翠矿的分布**

1. 矿点（矿坑、矿洞、矿场）

（1）具体的采矿点数百个，2010年注册采玉公司266家。

（2）近年缅政府控制，数量减少。

（3）以矿点所在地的地名命名，当地民族语直译，发音变化。

（4）老矿枯竭，新矿又开，即新场口又出，冒用著名场口常见。

2. 场（厂）口的规律及其应用

（1）场口：相对集中的若干矿点组成一个场口，约120多个。

（2）规律：区域成矿条件相近，毛料皮壳特征和玉质好坏也相近，因此有一定规律，有"不识场口，莫玩赌石"的行话。

（3）十大场口：帕敢、木纳、会卡、达木坎、后江、南奇、龙塘、马萨、莫弯基、莫西沙。曾因出好玉而闻名，但在变化中有的采光，有的扩张。

（4）场口的真假：真真假假，真假难辨，真少假多。

毛料实体店与毛料主播嘴里的场口，看背景和信誉，向真懂着者学习。

成品实体店与成品主播嘴里的场口，成品不讲场口，直接品质评论。

粉丝心目中的场口：不懂忽悠不懂。

（5）场口的变化、现状及应用。

大规模机械化开采，区域大变，难于划分，场口弱化。

如今毛料卖家流传：白皮——木纳，黄皮——达木坎，红皮——皆堆，黑皮——莫湾基，灰皮——莫西沙……

毛料慎用，成品不用，忽悠除外！

（6）产地对价格的影响。

产地不同，成矿条件不同，宝玉石的品质可能不相同，所以，价格也可能不相同。

例1 钻石——单晶体，可能相同。

例2 翡翠、和田玉——多晶集合体，很不相同。

（7）国标：国家法规，产地不参与定名，"英雄不问出处"。

例1 钻石、黄龙玉详解。

例2 缅料、危料详解。

3. 场区

相对集中的若干场口组成一个场区，5至8个。如帕敢场区、龙肯场区、会卡场区、香洞场区、雷打场区、达木坎场区、后江场区、南奇场区。

赌 石

1. **翡翠毛料的根本特征**

（1）非均一体，非均一程度无任何玉石可比。

（2）皮壳包裹，质差一分价差千万，无任何仪器可以探明。

2. **赌石的分类**

（1）全赌货：全蒙头，或擦小口，全赌。

（2）半赌货：开盖子，或切一刀，有赌性。

（3）明货：全剥皮，或切几刀，无悬念，无赌性。

3. **赌性的产生**

（1）别无他法：双方模糊交易，估计买卖。

（2）与生俱来：品质毫厘之差，价格万倍之别。

（3）此赌非彼赌：双方模糊对等，盈亏经常变换。

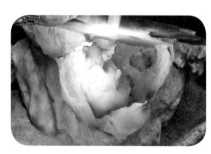
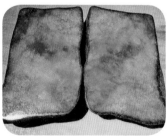

4. 赌的内容

皮壳、场口、种水色光、裂癣棉脏、出货率、货价。

5. 参赌条件

（1）本钱：赌石用钱开，有眼无钱莫进来。

（2）本事：相玉学，经验、学识、智慧、胆量、性格等。

6. 有行规

（1）料不做假：不做假皮、假色、假水、假料、假……，就可合法买卖。

（2）口说（握手）为凭，愿赌服输，赢者自享，输者自认。

7. 赌石警示语举例

"一刀穷，一刀富，三刀四刀披麻布！""不识场口，莫玩赌石！""卖家嘴里一枝花，买家眼里狗屎花！""站着进来，躺着出去！"，等等。

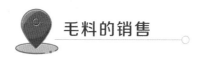

毛料的销售

1. 公盘——毛料拍卖

（1）缅甸内比都公盘（1964 年首届召开）

（2）广东佛山平洲公盘

（3）广东汕头揭阳公盘

（4）云南盈江公盘（都发公司）

2. 毛料零售

（1）缅甸曼德勒（瓦城）角湾翡翠市场

（2）瑞丽毛料夜市与直播

（3）广东四会毛料市场（片料与解口料）

翡翠的产地

　　世界上共有6个国家产出：缅甸、危地马拉、日本、美国、

哈萨克斯坦、俄罗斯。

---

1. 缅甸翡翠

迄今为止，产出优质翡翠唯一的国家。

2. 危地马拉翡翠

（1）概况：1988年重新发现，近四五年已批量进入中国。

（2）毛料：矿物成分及物理参数与缅甸翡翠相同。

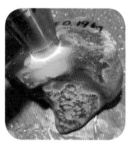  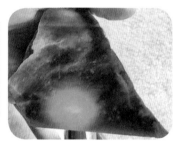

（3）成品：按国家标准，可出翡翠证书。钻石不问产地都能出钻石证书。

①与缅甸蓝水、满翠或冰油相似，虽价不及缅玉，但仍有相当价格。

②高档成品与缅甸翡翠相似，2021 年开始价格猛涨。

3. 日本翡翠

产地之一新泻县。

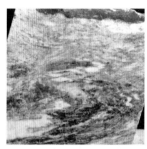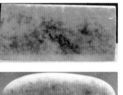

4. 俄罗斯翡翠与围岩

产地：西萨彦岭等，近期已有少量进入中国市场。

近期开采围岩石英岩玉与成品

5. 美国翡翠

产地：北卡罗来纳州。

6. 哈萨克斯坦翡翠

产地：伊特穆隆德翡翠矿床。

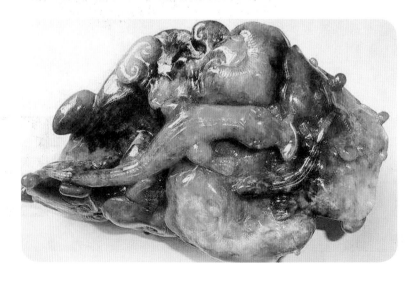

翡翠入行 的那些事

30分钟
慢话翡翠

翡翠 的 种
第六话

翡翠的定义

至此，我们可以给翡翠下定义了。翡翠的定义具有矿物组成和商业价值两方面的含义。

翡翠的定义：翡翠是以硬玉、绿辉石、钠铬辉石为主要成分的，具有美、久、少特性的多矿物多晶集合体。

下面进入行业介绍。

种的定义

1. 种的定义

种是指翡翠的质地，即组成翡翠块体的晶粒的大小，以及它们之间结合的紧密程度。

"种"也有类别的含义。

种的别称——种质、种头。

2. 多晶集合体上细小晶体的观察

（1）翡翠片料上的片状闪光——苍蝇翅膀——解理面。

（2）强光下，不抛光可见，抛光后不可见。

（3）翡翠晶体的大小是渐变的，没有准确的界线。

3．翠性

翡翠毛料切面上，不抛光、强反射光下，可见到的片状闪光，叫翠性。行话"苍蝇翅膀"（并非绿色叫翠性）。玻璃种和冰种不可见。有些种粗的毛料皮壳上可见。

4．种的优劣——质地的好差

好的种质：种细，种细腻，老种、种老。

差的种质：种粗，种粗大，新种、种嫩。

一般种质：新老种（毛料常用，成品不用）。

5．种的一般规律

种细——紧密，晶隙裂隙无或小，较硬，硬度7。

种粗——疏松，晶隙裂隙有或大，稍软，硬度6.5。

> 翡翠的种有五大类：玻璃种、冰种、糯种、豆种、瓷种（瓷底）、普通种质不给"种"的名分，行话说"没有种"。

○ 种的详述 ○

1. 玻璃种

隐晶，可有极少棉点，透明。

（1）四种光学现象。

①起荧光。

荧光：玻璃种起荧光者，叫龙种，是所有种质中的顶级种质。

两个特征：其一，雾感弱光，朦胧变亮变暗，神秘耐看，特殊宝光；其二，随光源、眼睛、翡翠三者位置的移动而移动。

成因：苛刻的三个条件。r 接近 0.1mm；纤维状晶体，排列方向一致；外形呈弧形或球形，弧度恰好。

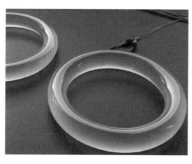

②起刚光。

抛光：很锃亮，像钻石（金刚石）的亚金刚光泽。

成因：结构紧密，种很老。

③起蓝刚

蓝刚：有淡蓝色感的刚光。

成因：自带极淡蓝色，或折射分光形成。

④起胶。

光感似凝固干胶：行话"起胶，胶感"。

成因：平面型、种够老、抛光好。

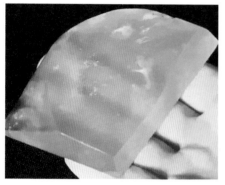

（2）冰玻种：仍可起莹光与刚光。为什么不说"玻冰种"？

（3）玻璃种的地质成因。

后期的重结晶与动力变质作用充分完成；若带色，则类质同象替代也不同程度完成，这种情况极为难得，非常不易，整个矿区只有极少数原石能达到如此程度。

（4）玻璃种的赞美词。

行话：起莹光、刚光、蓝刚、起胶。

文化：清澈透亮、天造奇物、鬼斧神工、百万挑一、若隐若现、神秘莫测……

2. 冰种

隐晶到微晶，可见少量大晶体或棉，透明到亚透明。

（1）高冰种（接近冰玻种）。

高冰种起荧与起胶

（2）正冰种（晶体比冰玻大）。

种老的正冰种

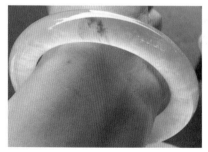

（3）糯冰种：为什么不说"冰糯种"？

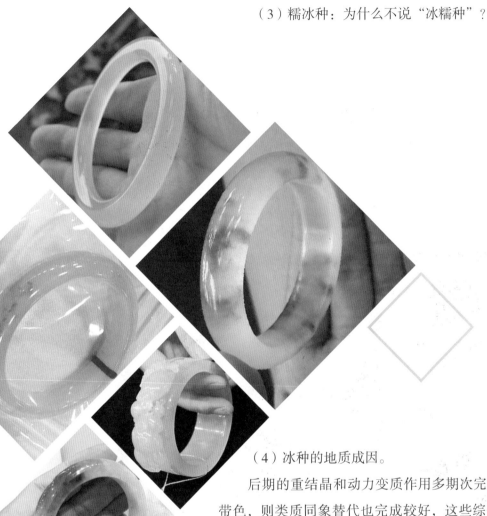

（4）冰种的地质成因。

后期的重结晶和动力变质作用多期次完成较好。若带色，则类质同象替代也完成较好，这些综合作用的程度虽然不如玻璃种，但数量比玻璃种多，矿区有一定量的原石能达到如此程度。

（5）冰种的赞美词。

行话：亚玻璃光泽（高冰）、起莹光、刚光、蓝刚。

文化：冰清玉洁、玉壶冰心、冰雪世界、冰肌玉肤、冰雪聪明、冰魂雪魄、琼枝玉树、冰壶秋月、玉清冰洁、冰冻三尺非一日之寒……

3. 糯种

微晶，半透明到微透明。

（1）芙蓉种：带淡红紫色（芙蓉花色）。

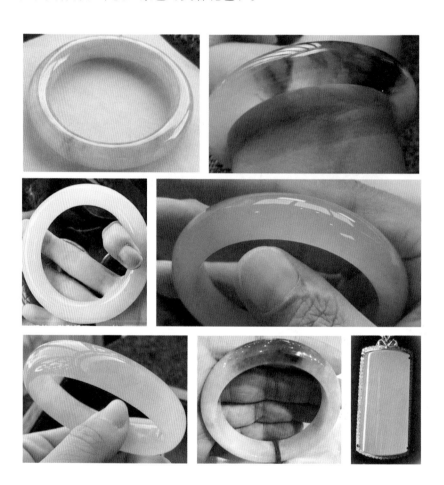

（2）藕种、玛瑙种（现在也称"荔枝""果冻""牛奶"等）。

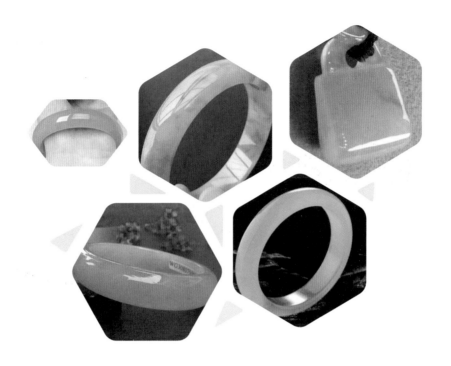

（3）糯种的地质成因。

后期的三种地质作用同时进行，但程度不及玻璃种和冰种，整个矿区有较多的原石能达到这种程度。

（4）糯种的赞美词。

最能体现传统文化"温润"。

行话：糯化、化开、细糯。

文化：珠圆玉润、温润如玉、玉润冰清、柔和顺畅、柔情似水、润泽万物、温情蜜意、贤惠善良、温润仁泽、温文尔雅、柔眉娇俏、温柔敦厚、轻言细语……

4. 豆种

显晶，有颗粒感，呈豆绿色，微透明到不透明。

（1）细豆种：有颗粒感但不明显，微透明。

（2）粗豆种：晶体大，颗粒明显，种粗，不透明。

（3）豆种的地质成因。

后期的三种变质作用较小，或只有其中的一至二种，矿区很多原石都如此。

5. 瓷种（瓷底）

显晶，不透明。

（1）无颗粒感，白色或极浅色，有瓷质感。

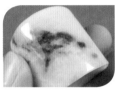

（2）瓷种的地质成因。

后期的三种变质作用很微弱，或只有其中的一至二种，脏杂很少，部分带翠绿色，矿区瓷种带色原石并不多见。

6. 普通种质

显晶，大，种粗（种嫩、新种），颗粒感明显，不透明；行业里或称其"豆种（但无豆绿色）"，或不给"种"的名分直称其"底"。

（1）普通种：常带土灰蓝或极淡紫底色，有杂色，须打蜡，常上粉，容易变种。

（2）石灰底、马牙底、狗屎底：常用去做 B＋C 货，或者废弃不用。

石灰底

（3）普通种的地质成因。

后期没有受过地质变质作用，很普遍，很多原石都如此，又叫新场石，属原生矿；还有一部分是品质差的次生矿。

7. 成品的变种

（1）什么是成品的变种？

有很少部分新制成的手镯或挂件，数月时间左右，会发生局部或整体泛黄变脏的现象，叫变种。变种影响美观，使成品掉价。

（2）变种的基本原因是什么？

由于种太嫩，晶隙大，新加工面与氧气接触后容易发生反应而产生变种现象。

（3）在哪些种质中可能会发生变种？

普通种质可见。白底青和糯种中，很少部分种较嫩的会发生。

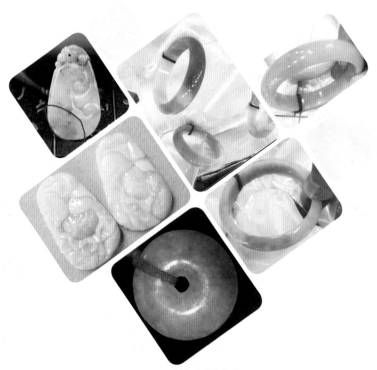

变种后泛黄变脏

8. 种的民谣

颗粒感，颗粒感，
不是杂质莫乱讲，
拿块玻璃比一比，
颗粒才是全天然！

要问种质有几多？
就有瓷豆糯冰玻；
晶体从大变到小，
品质从差变到好。

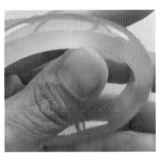

种老就是种好，
种好就说种老；
种嫩就是种差，
种差颗粒粗大，
种老成矿较晚，
反而不是较早。

翡翠入行 的那些事

30 分钟
慢话翡翠

翡翠 的 水
第七话

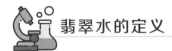

翡翠水的定义

水是翡翠特有的、以透明度为前提的、综合的光学效应。

水又叫水头。

翡翠的透明度

1. 宝石学中透明度的比较与描述

（1）一般比较（国标与宝石学标准用语）。

透明—亚透明—半透明—微透明—不透明。

（2）较为准确的定性比较。

制作厚度为 1cm 的相同的标样。

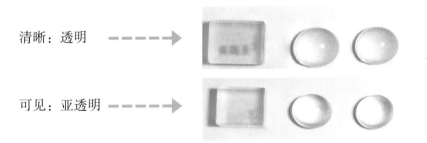

清晰：透明 ----▶

可见：亚透明 ----▶

2. 行业中透明度的测量

（1）20世纪80年代以前百年：用铁片靠阳光，在阳光和铁片阴影的分界处观察，看毛料不看成品。

（2）20世纪八九十年代：用有柄有罩的台灯，在灯光和灯罩阴影的分界处观察，看毛料不看成品。

（3）上述时期水的计算：1分水 =3mm；3分水 =9mm。

（4）近十几年：用聚光电筒，毛料和成品都看，但看的不同。

毛料：看种水色，其中很有讲究。

成品：看裂看瑕，其中颇有技术。

3. 行业中水的描述

（1）水好——水头好，水好，水头足，水足，水头长。

（2）水一般——有水，水一般。

（3）水差——水差，水短，水干，水木。

（4）不透明——没有水，无水。

传统赞誉：水灵灵，水汪汪，一汪水。

水的形成

1. 翡翠的透明度并不就是"水"

透明宝玉石如钻石、水晶石等，以及玻璃等，都很透明，但都无"水"，谁都不会对它们产生"水灵灵"的感觉。

但翡翠有"水"的感觉，为什么？翡翠的水是怎样形成的？

翡翠的"水"是由多个晶体表面的反射光和漫反射光，内部的 n 次折射光、n 次内反射光、n 次全内反射光、n 次折射后的透射光，六种光线综合形成的。

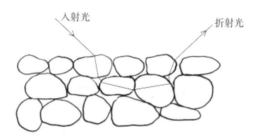

翡翠的水的示意图：n 次折射后的内反射与全内反射光

2. 行业中对水的评估

（1）水头很好：水头足、水头长。

但不是越透水越好!

因为透射光太多,缺少综合光,所以,缺乏水的灵动感。

光感变化丰富
灵动水足

少灵动水不足

同等条件下圆条比平条更显水好!

因为曲面更能形成莹光而显灵动,增加曲面就增加灵动。

高档手镯多做成圆条的两个原因之一。

（2）水头好：光感变化好，灵动感好。

（3）水头一般：光感变化一般，灵动感一般。

（4）水干：显然，不透明就没有上述综合光感，所以，不透明则无水。

水的加工、观察与调整

1. 水的加工

（1）抛光出水原因：毛货粗糙表面的大量漫反射干扰了光线的进入，所以无水。经过抛光，表面逼近镜面，减少漫反射，光线进入，才可形成水。所以行业称抛光为"出水"。

①挂件出水前后——毛货与成品比较。

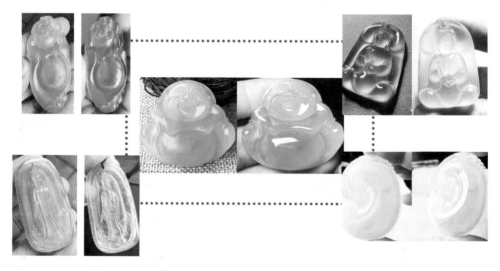

②手镯出水前后——毛货与成品比较。

（2）手镯的抛光——手抛。

（3）挂件、珠子及戒面的抛光——手抛与机抛结合。

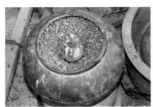

2. 水的观察

（1）正确：顺光——反射光。

（2）错误：对光——透射光。

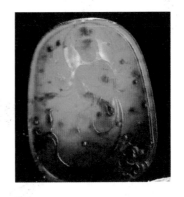

3. 水的调整

（1）调水：传统设计，根据玉料设计图案，由图中形象决定厚薄而调水，适当自然。

（2）挖坑挖槽出水：图案并不需要，却刻意在后面挖坑挖槽使玉料变薄变透而做出水，过度过分，假水。假水透而无灵。

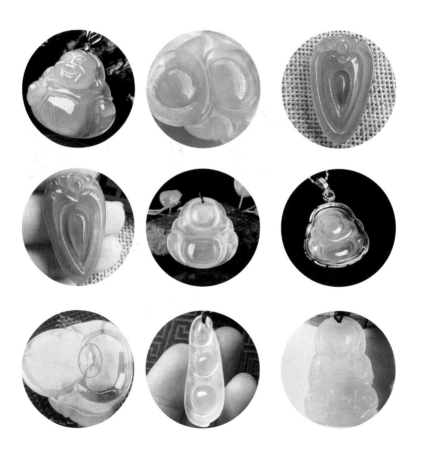

（3）封底：封死底面的镶嵌往往有做水、抬色、掩瑕之嫌。

（4）真正的水：不挖不封，自然天成，灵气盈动。

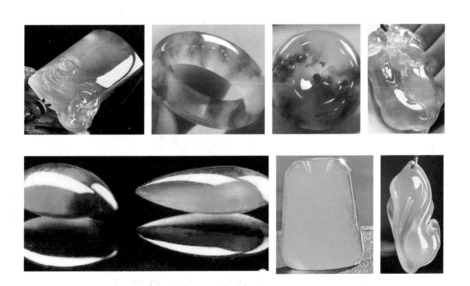

水头差、没有水、无水

1. 粗豆种、石灰底

2. 干青、铁龙生

钠铬辉石：$NaCrSi_2O_6$

硬度：5.5

密度：3.5

晶型：纤维状微晶至隐晶

水头对比的操作技术

1. 手镯水头的对比

须用散射自然光，顺光，禁用对光。

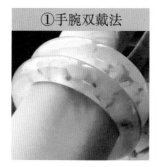

①手腕双戴法

②单手指划法

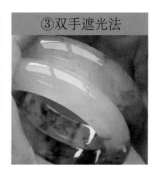

③双手遮光法

2. 挂件水头的对比

顺光下，用手指在下面滑动，观察，如前述戒面的透明度（翡翠的透明度）所述。

水在翡翠中的重要作用

（1）水极大增加了翡翠的美感。

（2）水是翡翠区别于其他玉石的主要特征之一。

（3）水与色的结合可以让每一块翡翠独具个性而彰显灵性。

（4）水是翡翠的灵魂。

（5）水极大提升了翡翠的价值。

翡翠入行 的那些事

30分钟
分钟
慢话翡翠

第八话 翡翠 的 色

光源与翡翠的六大色系

1. 光源

（1）翡翠的颜色对光源的种类和强度十分敏感。

（2）阳光含七色光，行话"无阳不看玉"，最佳光线是阳光阴影下的散射光，或早晨、下午柔和的阳光。灯光和电筒光是白光、黄光、紫光等单色光。

（3）LED灯与电筒的白光虽有七色，但与阳光在七种单色光的强度上各有不同，而黄光和紫光都是单色光，所以都不宜使用。

2. 国标中使用的色彩学概念

（1）色调：色的种类。

（2）色饱和度：浓与谈，深与浅。

（3）色明艳度：明亮与浅淡，鲜艳与晦暗。

3. 翡翠的六大色系

（1）翡翠的颜色是过渡的，所以用"系列"才能准确描述。

（2）翡翠令人眼花缭乱的颜色可以分为六大色系，下面分别详述。

绿色系列

1. 色调

（1）主要致色离子为正三价铬离子 Cr^{3+}。

（2）绿色系列与色调偏向图。（资料引自摩休先生《翡翠级别标样集》）

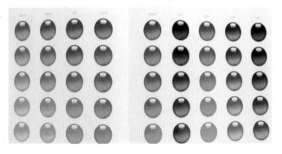

2. 正绿

又叫正翠、帝王绿、祖母绿，行业和粉丝们喜欢用帝王绿。

（1）帝王绿毛料，极罕见，1 万吨有 100 千克即百万分之十。

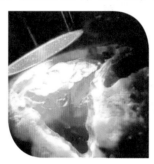
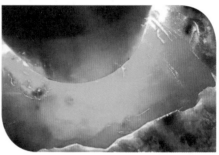

（2）帝王绿成品：色正、色阳、色浓、色艳、色辣。

3. 偏黄

有三价铁离子 Fe^{3+} 加入，细分为黄秧绿、苹果绿、翠绿、豆绿等。

（1）黄秧绿。

（2）苹果绿。

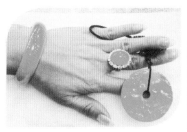  

（3）豆绿。

（4）翠绿。

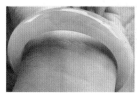  

4. 偏蓝

有二价铁离子 Fe^{2+} 加入，细分为瓜皮绿、韭菜绿、菠菜绿等。

（1）瓜皮绿。

（2）韭菜绿。

（3）菠菜绿。

5. 成品的顶级帝王绿

（1）顶级帝王绿要求：艳、浓、匀、满。稍偏黄偏蓝皆可。

（2）价格：偏黄高于偏蓝，因为偏黄少、且阳气，偏蓝多而稳沉。
但偏蓝若明艳度高，其价比偏黄明艳度差者更高。

（3）极其稀少，1万吨有10千克，百万分之一。

（4）成品顶级帝王绿图例。

翡翠的绿色有丰富的变化，是因为铬这种特别神奇的元素。

6. 色根

使整件成品映绿的那一丝、一片、一
团绿叫色根。

（1）映绿（与满绿比较可见不同）。

（2）色浓之处。

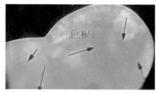

7. 以绿色命名的种

此处的种，主要指品种，而不指结构。

（1）绿水种：绿水、绿晴，水绿、清亮（铬离子 Cr^{3+} 致色）。

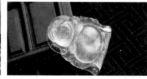

（2）金丝种。

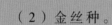

（3）花青种。

（4）干青种（铁龙生）——钠铬辉石。

红—黄色系列（翡色）

1. 色调

统称翡色，主要致色离子为正三价铁离子 Fe^{3+}。

（1）偏红：叫红翡，Fe^{3+} 多。

（2）偏黄：叫黄翡，Fe^{3+} 少。

2. 吉祥含义

翡色招财色，红翡还表示喜庆。

3. 成品

（1）红翡：天然、色辣、水好的红翡又叫"水红"，价格很高。

（2）黄翡：色亮水好的黄翡价格也高。

4. 翡色所在的位置

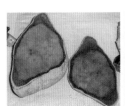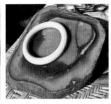

（1）次生矿的典型结构——皮、雾、肉。

（2）雾层两色：上层（靠外），常为黄翡；下层（靠内），常为红翡。

（3）雾层单色。

（4）雾层混色——褐色，也常称红翡。

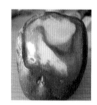  

（5）裂隙浸染、大晶隙渗入。

（6）烤红：按国标，红色永久保持，属优化，可出证书。

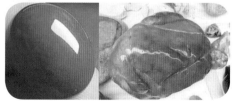

紫色系列（椿色、紫罗兰色）

1. 色调

主要致色离子为正三价锰离子 Mn^{3+}，其氧化物分子式为 Mn_2O_3。

（1）正紫色——紫椿（现在也可用"春"字）。

（2）偏红——红椿（春）。

（3）偏蓝——蓝椿（春）。

（4）偏淡——淡椿。

2. "十椿九木"

十块紫色翡翠有九块是水差的。

3. "见光死"

紫色对强光特别敏感，强光下变淡。

4. 紫色的特点

多数较浅(较深较艳者价高),在毛料上大面积分布、与周围白色无明显界线。

5. 紫色形成的时间

较早,与其他色较晚不同,与硬玉形成同期,"正宗"原生色。

6. 紫色的硬玉晶体

较大,属粗、中粒,显晶,多数不透明至微透明,无水、干木,少数半透明有水,有水即有价。

7. 吉祥含义

紫色有"老子出关,紫气东来"的典故,古代有帝王之尊,从紫微大帝到紫禁城,无不显示出神圣和高贵。紫色美丽动人、神秘浪漫,是翡翠中很受欢迎的颜色。

蓝色系列

1. 色调

致色原因各异,变化非常丰富。

翡翠的蓝色在普蓝和青色之间成系列。除了传统中已给定的名称和品种外,其他蓝色调与色形,是可以任欣赏者想象、比喻、形容和描述的,这正好给人们提供了广阔的审美空间。

（1）纯正的天蓝色和海蓝色在翡翠中极为罕见。蓝色向灰暗的青色过渡成为黑蓝的油青,向明亮的普蓝过渡成为水草花。

①飘花蓝:

绿蓝、冰种——水草花（传统）　　价很高

普蓝、冰种——冰漂花（传统）　　价高

系列蓝花、冰到糯——时尚多喻　　价高

②满色蓝:

淡水蓝满色、高冰——蓝水（传统）　　价很高

系列蓝满色、冰到糯——时尚多喻　　价高

（3）满色灰暗蓝：

蓝偏灰黑、种水差——油青（传统）　价低

蓝偏灰黑、种水好——冰油（传统）　价一般

行话说："美也蓝色，丑也蓝色"。

2．以蓝色命名的种

指品种，无晶体与结构含义。

（1）蓝水种（蓝晴种）：淡蓝、满、阳，种水好，正四价钒离子 V^{4+} 致色。

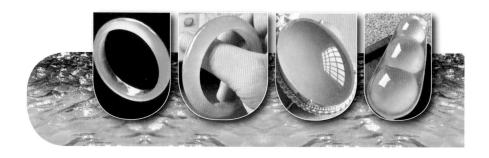

（2）油青种：蓝灰暗、油脂光泽，种差水短（绿泥石致色）。

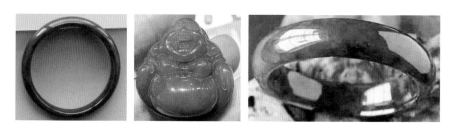

（3）冰油种：蓝灰暗、油脂光泽，种好有水（绿泥石致色）。

3. 其他蓝色详解

（1）传统名称三种。

①水草花、蓝花翠：绿蓝色（含铬 Cr^{3+} 较多的绿辉石致色）。

②冰漂花、蓝花翠：普蓝（不含铬 Cr^{3+} 的绿辉石致色）。

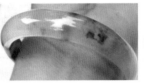

③飘蓝黑花：黑蓝（不含 Cr^{3+} 的绿辉石）。

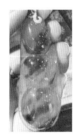

（2）新兴时尚名称八种。

①扎染蓝：民族风，白底有水，飘蓝黑花（不含 Cr^{3+} 的绿辉石）。

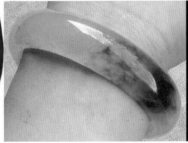

②青花蓝：青花瓷，白底水短飘蓝黑花（不含 Cr^{3+} 的绿辉石）。

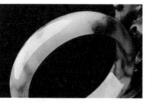

③星空蓝（绿辉石）。

④天空蓝、晴空蓝、万里晴（V^{4+}）。

⑤蓝色新意：海之蓝——梦之蓝、大海蓝（Cr^{3+}、Co^{4+} 叠加）。

⑥冰川蓝、喜马拉雅冰川蓝、珠穆朗玛冰川蓝（钒离子 V^{4+} 致色）。

⑦仙湖蓝，湖蓝（钒离子 V^{4+} 致色）。

⑧宝石蓝（钒离子 V^{4+} 致色）。

4. 相关离子颜色参考

铬离子颜色：Cr^{3+} 绿色、红色。

钒离子颜色：V^{5+} 红色、V^{4+} 蓝色，V^{3+} 绿色、V^{2+} 紫色。

钴离子颜色：Co^{3+} 蓝色、Co^{4+} 青色、Co^{2+} 蓝色（陶瓷、景泰蓝、玻璃、搪瓷）。

白色系列

1. 色调

（1）白色是对光的全反射。

（2）白色翡翠不含致色离子。

（3）白色的絮状、斑状物是钠长石，称为棉。

（4）全白翡翠由不透明白色硬玉组成。

2. 棉

（1）棉多掉价。

（2）钠长石。

（3）反转欣赏，另有胜景。

3. 白底青种

（1）不透明或微透明白色硬玉。

（2）晶体较小，结构紧密，无颗粒感，有水润感。

（3）徐霞客喜欢白底青，见《徐霞客游记》腾冲日记。

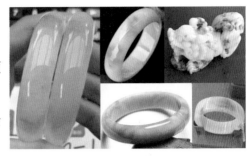

4. 瓷种（瓷底）

硬玉晶体粗大，有颗粒感，结构紧密，无其他色，有温润感。

5. 石灰底、马牙底

硬玉晶体粗大、颗粒感明显；结构疏松。

6. 狗屎底

灰白或灰蓝，晶体粗大，结构疏松，晶隙裂隙大，易浸染脏杂。

第5和第6在行业内被称为"粪草货"。

黑色系列

1. 致色原理

黑色是对可见光的全吸收。

2. 致色矿物

绿辉石、碱性角闪石、灰黑色其他微粒。

3. 分述

（1）墨翠：整件黑色。

毛料：有皮壳，与其他毛料相似。

成品品质：

种质：越细越好。

墨度：越黑越好。

净度：越纯越好。

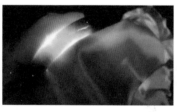
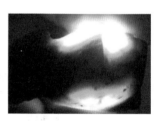

墨翠详解：

打光：顺光看黑色，对光看墨绿色，可与墨玉鉴别。

矿物：绿辉石，绿辉石又由透辉石、硬玉、霓石组成。

晶体：纤维状微晶至隐晶，雕工可精湛原因之一。

硬度：5~6，比其他翡翠低，雕工可精湛原因之二。

密度：3.29~3.37，与其他翡翠相近。

零散絮状、片状黑：在"飘蓝花"和"癣"中另述。

（2）墨玉：整件黑色，碱性角闪石或黑色微粒。

毛料：有皮壳，与其他毛料相似。

成品：

打光：顺光看黑色，对光看不透光，可与墨翠鉴别。

全黑或全灰：乌鸡种，黑色的吉祥含义。

（3）乌鸡白凤种：半黑半白，手镯多见。

时尚名：龙凤镯、乾坤镯、双鱼镯、太极镯、乌鸡白凤镯。

一件多色

1. 色调多种

（1）黄与绿——黄夹绿，价高。

（2）紫与绿——春带彩，价高。

（3）三彩——福禄寿，价高。

（4）四彩——福禄寿喜，价很高。

（5）五到七彩——满堂彩，价很高。

2. 多色关系

无界无痕，互相融合，自然天成！

3. 分述

（1）黄夹绿：有黄有绿为何不叫"翡翠"要叫"黄夹绿"？

（2）春带彩：有紫有绿为何要叫
"春带彩"不叫"春带翠"？

（3）三彩：福禄寿（传统），少见，价高。

（4）四彩：福禄寿喜（传统），很少见，价很高。

天然难得人工做，四色珠链"福禄寿喜"

（5）五彩以上：满堂彩（传统），极少见，价很高。

翡色
翠色
蓝色
红春色
白色
墨色

甚至有十种颜色配成的手链，价高。

色与种水及光的关系

1. 颜色、种水、光泽三者的关系

（1）在冰玻种之上、且种质相近的情况下：

色浓则水短：色越深浓，透明度减弱，水头变短。

色淡则水长：色越浅淡，透明度增强，水头变长。

（2）在冰种之上：

水好色浓色必辣：色饱和度与明艳度越高，则色越辣。

水好色好色必活：无论色深浅，都显立体多层次，则鲜活。

（3）在糯冰种之下：

水好色明：水对色影响特别明显，水好抬色，使色明快。

水差色呆：种水越差，颜色越无变化越呆滞。

（4）但是，各种种质表面反射的光泽不会改变，所以：

种还是那个种，光还是那个光，互相变化的只是水与色。

2. 色与种水关系

> 无水色死，有水色活，　　　　色淡水长，色浓水弱，
>
> 有水色艳，色辣不变。　　　　水色恰好，灵动鲜活。

3. 种水色关系例证

（1）无水色死，有水色活。

（2）色淡水长，色浓水弱。

（3）有水色艳，色辣不变。

（4）水色恰好，灵动鲜活。

（5）层次丰富，色水相融。

（6）色形无限，变幻无穷。

翡翠入行 的那些事

30
分钟
慢话翡翠

第九话 翡翠的 底、工、光

○ 翡翠的底 ○

1. 底的定义

一件成品，除了绿色或者其他主色调之外的其余部分的总和，叫底。

底又可称为底子、底张、地、地张、地障。

2. 底的使用

对成品的综合评价，无论种水色如何。

（1）好：底好、底干净、底清爽。

（2）差：底差、底不干净、底不清爽、底脏、底灰、底发灰。

（3）整体色调：白底、晴底、粉底……

（4）表面观感：底子粗，底子细。

3. 底的认知参考

与瓷器的底相似。

4. 底的评价

（1）底好（底子好）：整件成品干净、清爽，无脏杂、瑕疵。

（2）整块成品是同一颜色，可以用底色称呼。如白底、蓝水底等。

（3）底发灰：底子灰。

（4）底子粗、底子细。　　　　　　　　（5）底不好、底脏。

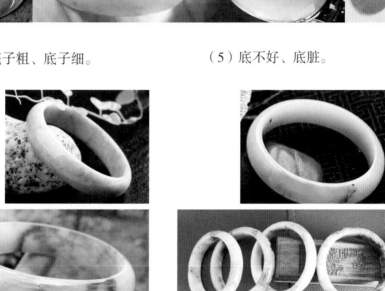

（6）毛料：底差、底不干净、底脏。

5. 底与种的区别及混称

（1）区别：所指不同，侧重不同。

说"种"时，指晶体与结构；说"底"时，指整体感观。

（2）混称：

①瓷种以上（含瓷种）可混用。如玻璃种及其他种，有时也称玻璃底及其他底，但如上所述侧重不同。

②普通种以下较差的种质不给种的"名分"，用底不用种。如用石灰底不用"石灰种"。

（3）底与种的关系。

底在视觉评价上包含了种，种是组成底的一个条件。

底子其实很简单
就看干净还是脏
没有脏杂很清爽
价格就能翻一番

又说底子又说种
两者侧重各不同
底是脸面总评估
种是骨架要搞懂

---○ **翡翠的工** ○---

1. 毛料加工流程简介

水机解大料（得方料）→油机或线切机解板料（做手镯）→边料→推机切片料（做挂件）→碎料→做珠子。

2. 手镯加工流程简介

（1）水机解大料。

要求：顺裂、顺色、顺水。

变迁：20世纪80年代前人工解大料　　　　现代切机（水机）解大料

（2）油机或线切机解板料。

要求：去废、避斜、避裂。

变迁：2016年后线切机兴起，同体积毛科，虽耗时多6倍，但线锯极细，比圆锯每10片可多切出1片，这一片对中高档料价格可达百万千万，极为重要。

目前，1000元/千克以上的毛料多用线切机

油机：切缝 2mm　　　　线切：切缝 0.4mm　　　　10 片多 1 片

（3）审料画镯。

要求：对光，避裂、套色、套量。

（4）钻台套坯。

技术要求：套准套正，用力适当，不能裂断。

（5）角磨机打形。

技术要求：倒边去角，弧度适当。缅甸技术：不倒内圆，成品不适。

（6）手工抛光

技术要求：手工利用机械抛光，不使用震机。

（7）水浴锅煮蜡（传统工艺）。

填充极细微隙凹坑。

种质不同效果不同、耗蜡不同。

种嫩者若长时间不佩戴，会失光显旧。

种粗的中低档成品应经常佩戴，须避光保管。为什么？

产品用途：

一是使产品增加亮度，保持光亮度，并有好的质感；二是可对产品上的细绺进行遮绺、合绺的作用。

3. 后续的其他加工

（1）挂件、摆件的加工。

工序：审料、设计、画图、粗雕、精雕、抛光。

（2）珠子、戒面的加工。

广东四会珠子磨圆机之一　　　　　缅甸曼德勒戒面打磨工厂

大料先要切成片，　　　　做完手镯做挂件；

边脚碎料做珠子，　　　　一点丢头都不见。

好料全身都是宝

用完用尽还嫌少

千方百计，精心琢玉

千难万苦，玉汝于成

──○ 翡翠的光 ○──

翡翠的光是指翡翠在自然光下的各类光泽，是翡翠各种光学效应在成品表面的综合光感。

1. 国标的标准用语（鉴定证书用语、世界通用）

金刚光泽、亚金刚光泽、玻璃光泽、亚玻璃光泽。

油脂光泽、蜡状光泽（塑酯光泽）、丝绢光泽、珍珠光泽。

2. 光在钻石中的路线——钻石的全内反射

金刚光泽与亚金刚光泽，是钻石特有的光泽。

全内反射光产生的火彩，是钻石品质优劣的重要标准。

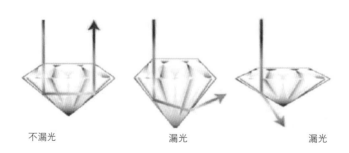

不漏光　　　　漏光　　　　漏光

3. "内水外光"的产生——光在翡翠中的路线

（1）光线穿过透明单晶体的 2 次折射与多晶体的 n 次折射。

（2）一部分光线在翡翠表面发生反射。

（3）一部分光线在翡翠内部发生无数次折射、内反射、全内反射，有的从表面返回射出，有的透射出翡翠。

（4）表面反射光与内部全内反射光在翡翠表面形成了综合的光感，就是翡翠的光泽。

（5）若视觉关注点在翡翠表面，就看到了光泽。

（6）若视觉关注点在翡翠内部，就有了"水"的感觉。

4. 翡翠光泽的种质分布

（1）（宝石学）亚金刚光泽、玻璃光泽。

行话：起莹光、起刚光、起蓝刚。

种质：龙种、玻璃种。

透度：透明。

晶粒：隐晶、近等粒、有序。

光线：透射且可能有分光；强反射、无漫反射；n 次折射、内反射、全内反射。

亚金刚光泽　　　　　玻璃光泽　　　　　亚金刚光泽
起蓝刚　　　　　　　起莹光　　　　　　起刚光

玻璃光泽刚光、起光很好

亚玻璃光泽胶感，起光很好

（2）（宝石学）玻璃光泽、亚玻璃光泽。

行话：刚光、胶感，起光很好。

种质：冰玻种、冰种。

透度：亚透明。

晶体：隐晶，不等粒。

光线：透射、无分光；反射、无漫反射；稍弱的 n 次折射、内反射、全内反射。

（3）（宝石学）亚玻璃光泽。

行话：起光好。

种质：糯冰种。

透度：半透明。

晶体：微晶、近等粒、近有序。

光线：稍弱透射，较弱的反射、漫反射；较弱的 n 次折射、内反射、全内反射。

亚玻璃光泽起光好

亚玻璃光泽起光好

丝绢光泽丝绢光

丝绢光泽丝绢光

（4）（宝石学）丝绢光泽（少见）。

行话：丝绢光。

种质：满色的糯冰种。

透度：半透明至微透明。

晶体：微晶、纤维状、近有序。

光线：有分光、微透射；稍弱的反射、漫反射；较弱的 n 次折射、内反射、全内反射。

油脂光泽润光

（5）（宝石学）油脂光泽。

行话：润光。

种质：糯种。

透度：微透明。

晶体：微晶、近等粒、无序。

光线：无透射；反射、漫反射；浅层极弱的 n 次折射、内反射、全内反射。

油脂光泽柔光

蜡状光泽起光不好

蜡状光泽起光不好

（6）（宝石学）蜡状光泽。

行话：起光不好。

种质：豆种、瓷种。

透度：微透明、不透明。

晶体：显晶、不等粒、无序。

光线：无透射，弱反射、强漫反射、浅层极弱折射。

翡翠入行 的那些事

30
分钟
慢话翡翠
二

翡翠 的 瑕疵
第十话

瑕疵（缺点、毛病）
裂、癣、棉、脏

 裂

1. 裂和纹的区别

（1）裂：断开，影响严重。分内裂和外裂，手镯分顺裂和横裂。

看痕迹，明显夹色或发白，指甲抠，听声音，掉大价。

（2）纹：未断开，是整体，可能是绵、大晶体、或裂愈合留下的疤痕。

不抠手，内纹须打灯，对强度无影响。

2. 特别注意

（1）勿混：纹是纹，裂是裂，本质不同，纹与裂不应混说，不可相混。

（2）裂绺：大裂称裂，细裂称绺。

（3）区别：内裂打灯看光路，光路断是裂，不断是纹。

（4）纹的行话：石纹，石花，石筋、石脑。

3. 避裂与藏裂

（1）审石下料时须避裂。

（2）玉雕摆件工艺中专门讲究避裂、藏裂。

4. 纹、裂举例

（1）裂：断开。

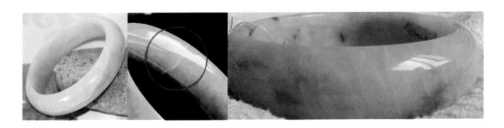

（2）纹：愈合。

绺、石筋、石花、石脑

5. 珠宝聚光电筒在成品上的使用

（1）白光增水减色，黄光增色减水，用白光不用黄光。

（2）顺光看种水色，是否花容月貌？

（3）对光查裂瑕疵，有否疑难杂症？

 癣

1. 癣的概念

点状、片状黑斑。

（1）成分：铬铁矿、绿辉石、角闪石、黑杂质。

（2）行话：活癣，死癣。

2. 活癣与死癣的辨认

活癣带绿，死癣全黑。

（1）活癣：绿随癣走，癣吃绿，绿吃癣；活癣是铬铁矿或绿辉石中铬离子与硬玉的交代残余。

（2）死癣：全黑无绿，死癣是碱性角闪石、黑杂质。

3. 毛料上一目了然

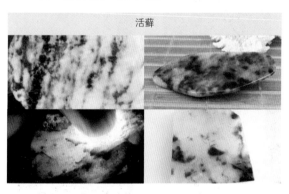
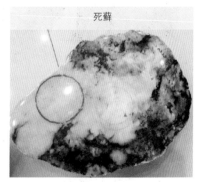

4. 有癣掉价

死藓　　　　　　　　　　　　　　　　活藓

5. 癣的大反转

乌鸡花和乌鸡种、龙凤、乾坤、阴阳等（见前述"色"）。

6. 癣的巧

化腐朽为神奇，神工大反转！

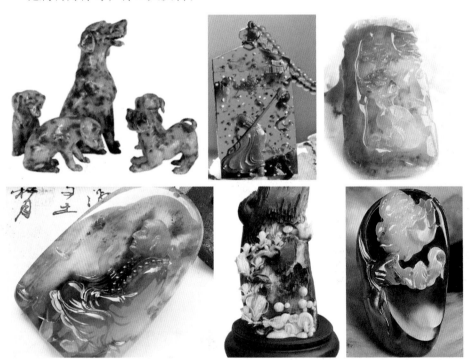

棉

1. 棉的概念

点状、絮状白色物。

（1）矿物成分：钠长石（翡翠母岩）、其他大晶体。

（2）棉少影响小，稍掉价；棉多不美，掉价。

（3）棉的赞美，另类美而大反转，价高。

2. 棉的影响

（1）棉少影响小，稍掉价。

（2）棉多影响大，掉价。

（3）棉多不显，种粗水差，价低。

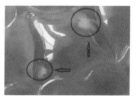

133

3. 棉的巧雕

化腐朽为神奇，神工大反转！

- - - - - - - - - - - - →

4. 棉的另类审美

逆天大反转！深度挖掘，角度决定高度。

（1）点、片状棉。

冰雪世界、银装素裹

- - - - - - - - - - - - →

（2）絮状棉（较多）。

南极暴风雪

← - - - - - - - - - - - -

（3）点状棉。

满天星、银河系

- - - - - - - - - - - - →

（4）带色点状、片状棉。

桃花春水、梨花春水、桃花潭水、满树梨花、一江春水、月映碧水秋潭、望穿秋水、瑞雪报春、飞雪迎春……

 脏

1. 现象

土褐、灰蓝、杂色、斑迹、裂多。

2. 成分

褐铁矿、赤铁矿、杂质等，次生色。

3. 成矿

次生矿，晶隙大，脏杂进入较多。

4. 行话

砖头料、粪草货。

5. 利用

（1）做极低档手镯，或做挂件或摆件镂空挖脏。

（2）处理，做 B ＋ C 货。

品 玉 歌

种水色底工光瑕，　　　　慢品翡翠闲品茶；

茶虽草木香四季，　　　　玉为美石藏精华。

翡翠入行 的那些事

30
分钟
慢话翡翠

中国 第十一话 玉文化概述

—————○中国独特的玉文化○—————

1. "玉"的概念的产生到玉器的使用

大约 1 万年前，在旧石器时代向新石器时代漫长的过渡时期，人类从打制石器过渡到磨制石器时，发现了石头有软硬之分，美与不美之分，于是，"玉"最初的概念就产生了，最早的玉器也就产生了。最早的玉器是作为工具来使用的。

2. 我国最早的玉器

2020 年 7 月宣布考古最新发现，黑龙江省饶河县小南山出土玉器 200 多件，经碳 14 测定确认距今 9200 年。

玉器与玉文化的简历与传承

1. 几个重要文化遗址的代表玉器

（1）红山文化玉器（内蒙古赤峰市）：距今 6000 年。

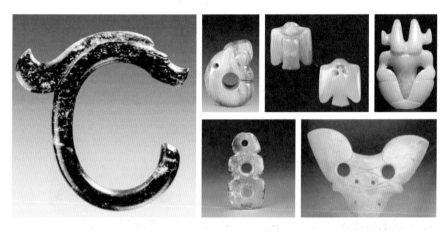

（2）良渚文化玉器（浙江省余杭市）：距今 5000 年。

（3）三星堆文化玉器（四川省广汉市）：距今3500年。

（4）春秋战国玉器（黄河中下游）：距今2300多年。

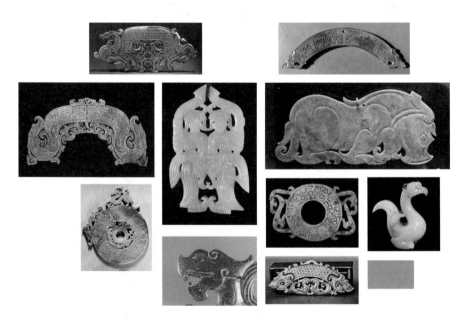

2. 玉器与玉文化发展经过的三大时代

以玉器的主要社会功能划分。

（1）神玉时代：拜神礼器。

（2）王玉时代：王权代表。　（3）民玉时代：民享民用。

史籍中的"天下第一玺"

3. 玉文化的十大经典

九千年历史，三大时代传承，沉淀若干经典。无论雕刻件或非雕刻件，下列玉文化的 10 大经典，适用于所有玉器。

（1）比美于玉。

（2）比德于玉。

（3）玉招财。

（4）玉避邪。

（5）玉吉祥。

（6）人养玉，玉养人。

（7）藏玉。

（8）玉缘。

（9）玉雅。

（10）盘玉。

4. 中国玉文化的文化传统

（1）哲人论玉。

所有论述各有不同，但用玉比拟人的各种品德之中，"仁"皆有论之且涵义相同。

> 管仲《管子·水地》中论玉有九德："夫玉温润以泽，仁也"。
>
> 孔丘《论语·礼记》中论玉有十一德："夫昔者，君子比德于玉焉。""温润而泽，仁也"。
>
> 荀况《法行篇》中论玉有七德："温润而泽，仁也"。
>
> 许慎《说文解字》中论玉有五德："润泽以温，仁之，方也"。

（2）文人写玉。

①神话与故事。

> 盘古化玉、山海经、女娲补天、玉山王母、穆王西巡、和璧千秋、蓝田种玉、弄玉吹箫、鸿门碎玉………

②小说：曹雪芹《红楼梦》绝世经典。

> 前世：女娲补天炼 36501 块五彩玉，留下了一块；灵河边"三生石"旁边的一棵绛珠仙草。
>
> 今生：宝玉美玉无瑕，黛玉阆苑仙葩。
>
> 来世：大荒山青埂峰下，一顽石；警幻仙子灵河边，一仙草。

③文学戏剧。

> 《玉镯记》《双玉镯》《玉环记》《玉环缘》《玉连环》《白玉环》《双鸳佩》《双鱼佩》《璧珠记》《八珠环》………

（3）诗人咏玉。

诗经《有女同车》
有女同车，颜如舜华。
佩玉琼琚，彼美孟姜。

魏晋·郭璞《瑾瑜玉赞》
钟山之美，爰有玉华。
光彩流映，气如虹霞。

唐·李白《客中作》
兰陵美酒郁金香，
玉碗盛来琥珀光。
但使主人能醉客，
不知何处是他乡。

唐·韦应物《咏玉》
乾坤有精物，至宝无文章。
雕琢为世器，真性一朝伤。

宋·王安石《美玉》
美玉小瑕疵，国工犹珍之。
大贤小玷缺，良交岂其绝。
小缺可以补，小瑕可以磨。
不补亦不磨，人为奈尔何。

浩瀚如海，不胜枚举。

（4）当代玉雕传承古代诗意。

《月下独酌》

（唐）李白

花间一壶酒，独酌无相亲。

举杯邀明月，对影成三人。

月既不解饮，影徒随我身。

暂伴月将影，行乐须及春。

我歌月徘徊，我舞影零乱。

醒时相交欢，醉后各分散。

永结无情游，相期邈云汉。

《松下问童子》

（唐）贾岛

松下问童子，言师采药去。

只在此山中，云深不知处。

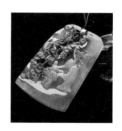

5. 当代玉文化中的吉祥文化与民俗文化

在玉雕中，以"福禄寿喜财"等为主题的吉祥文化和民俗文化，为人们展现了丰富的内容，详见后续第十二、十三话。

翡翠入行 的那些事

30 分钟 慢话翡翠

第十二话 翡翠 手镯

玉手镯并不是近代才有

1. 最早的玉手镯

距今 6000 年，红山文化牛河梁遗址出土一对。

（1）第 2 地点 1 号冢第 25 号墓出土，第 4 号标本。淡黄绿色，无瑕疵。镯体正圆，内缘平，外缘尖断面三角形。外径 6.4cm、内径 5.2cm、厚 0.6cm。出土于右腕部。

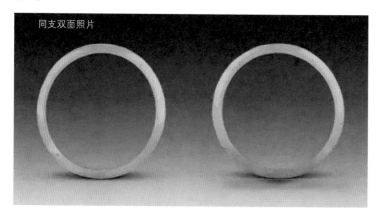

同支双面照片

（2）第 2 地点 1 号冢第 25 号墓出土，第 5 号标本。色泽、形制与上一件相同，但有白色瑕斑。外径 6.5cm、内径 5.4cm、厚 0.6cm，出土于左腕部。

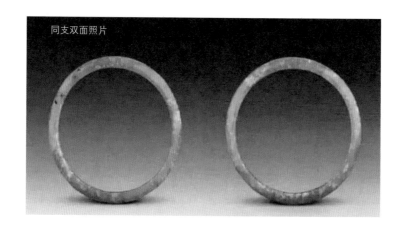

同支双面照片

2. 玉镯的古代名称

（1）跳脱、条脱、条达。见古诗三例。

> 东汉·曹操主簿繁钦："何以致契阔，绕腕双跳脱"。
>
> 唐·文宗李昂："美玉着腕间，轻衫衬跳脱"。
>
> 轶名：一生相思语，绕环双跳脱。谁解画中情，灵犀自言说。

（2）钏，汉代即开始称为钏。

> 《唐韵》《玉篇》《说文》《红楼梦》等众多古籍均有记载。
>
> 清·檀萃《滇海虞衡志》：昆明与大理翡翠制品丰富，女性以"一手戴双钏为荣"。

3. 名人戴翡翠手镯

（1）中华爱翠第一后——慈禧太后。

> 生前的手镯、头饰、衣饰、手玩、摆设等，大量用翡翠。
>
> 陪葬的翡翠白菜、翡翠香瓜、翡翠佛、翡翠寿桃价值连城。

（2）清代女性：《红楼梦》中金陵十二钗，钗钗佩翠镯。

（3）近代名夫人：宋美龄戴翡翠。

（4）当代名媛：众多影视明星、社会名流戴翡翠。

戴玉镯有哪些好处

1. 刺激穴位，疏通经络

促进血液循环

腕部是身体血液循环的末端。人体手腕上有很多重要的穴位，长期佩戴手镯可以按摩到这些穴位，刺激经络、疏通脏腑，促进血液流通，加速新陈代谢，使人焕发年轻活力。

- 手腕阴经的穴：太渊 大陵 神门
- 手腕阳经的穴：阳溪 阳谷 阳池

- 这三个阴经的穴和三个阳经的穴一共代表了人体的六条经脉，叫手三阳和手三阴，所以戴手镯可以刺激这六条经络，促进阴阳平衡，从而达到保健的作用。

手三阳和手三阴

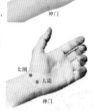

2. 健肤

促进微循环。

3. 养心

心理暗示，左手通心。

4. 平安

心理暗示，镯断手不断。

 手镯的款式

（1）常见款五款：平安镯、福镯、贵妃镯、美人镯、方条镯。

（2）特殊款四款：麻花镯、雕花镯、怪桩镯、镶金镯。

手镯的9种款式与对应的特点

1. 平安镯

（1）基本款：普通条宽、宽板。

普通条宽：13~15mm　　　　　宽板宽条：16~20mm

（2）相关行话：平口、正圈、轮胎、泥鳅背、龙背。

（3）职业群体：不挑，几乎所有人。

（4）身材年龄：

身材一般、年轻者，合普通条宽。

身材较胖、年长者，合宽板。

（5）工艺特点：用料多，审料严，很难得，价值高。

（6）专属文化：

接触面积大，贴手贴心；温馨体贴，万般宠爱。

宽阔抢眼，大气大方；水色如画，美人如画。

灵龙缠身，好运一生；百邪不沾，平平安安。

2. 福镯

（1）基本款：细条、粗条。

细条直径：10~13mm   粗条直径：14~18mm

（2）相关行话：圆条镯、老款、胖子。

（3）职业群体：不挑，几乎所有人。

（4）身材年龄：

身材一般、年轻者，合细条。

身材较胖、年长者，合粗条。

（5）工艺特点：用料多，技术难，价值高，特高档专用圆条。

（6）专属文化：

圆柱面，除水色美外，光泽特别（荧光），增光添彩。

传统浑厚，平添贵气；天人合一，光彩照人。

双圆：圆圆满满；双福：福寿双全。

3. 贵妃镯

（1）基本款：长轴、短轴。

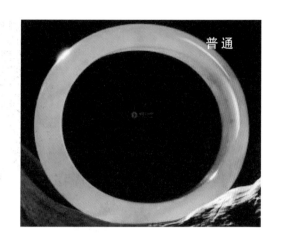

（2）相关行话：蛋镯、椭圆镯。

（3）适合人群：白领、蓝领。

（4）身材年龄：身材苗条、腕细者，年轻者。

（5）工艺特点：用料少，技术难；造型好，普通料即上档次。

（6）专属文化：

形同手腕，零距离接触；亲密无间，赛过神仙。

造型独特，别具一格；量身定制，上腕雅致。

事事顺利，万事如意；美镯加持，一生舒适。

4. 美人镯

（1）基本款：单支、双支、三支。

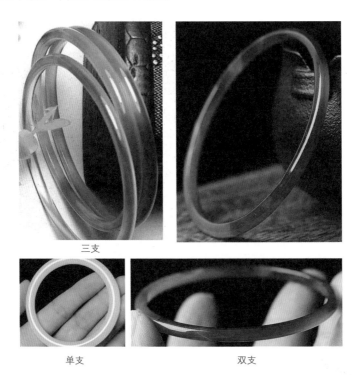

三支

单支　　　　　　　　　双支

（2）相关行话：叮当镯、细条子、杨柳条。

（3）职业群体：白领、蓝领。

（4）身材年龄：身材苗条、腕细，年轻者。

（5）工艺特点：用材少，技术难；同块料，普通料即上档次。

（6）专属文化：

玉声悦耳，轻柔飘缈；情有独钟，不在贵重。

细若春心，秀若柳眉；巧镯可人，巧人可爱。

一生有缘，双喜临门；三生有幸，四季平安。

5. 方条镯

（1）基本款：宽条、内外圈均不倒角。

（2）相关行话：方镯、台湾板。

（3）适合人群：运动员、女老板。

（4）身材年龄：身材高大、腕粗，中年以上者。

（5）工艺特点：留大面，技术易，特别制，糯瓷料即上档次。

（6）专属文化：

内圆外方，大道之纲；内涵深厚，文化悠久。

大气豪爽，柔中有刚；胸有成竹，处事不慌。

方圆结合，万物之美；气定神闲，很有气场。

6. 麻花镯

（1）基本款：纽丝、编织。

纽丝型

编织型

（2）相关行话：绞丝镯。

（3）适合人群：白领、艺人、名人。

（4）身材年龄：不挑身材，中年以上者。

（5）工艺特点：仿银镯，做工难，需定制，艺术品。

（6）专属文化：

中档料子高颜值，独此一品显富贵。

千思百念，情不断；缠缠绵绵，心还乱。

千丝万缕，剪不断；千头万绪，理还乱。

7. 雕花镯

（1）基本款：净色雕、俏色雕。

净色雕

俏色雕

（2）相关行话：雕花镯。

（3）适合人群：白领、艺人。

（4）身材年龄：不挑身材、中年以上者。

（5）工艺特点：利用俏色，精工，艺术品。

（6）专属文化：

人间恋花，天工留色；俏色雕花，物竞天择。

一花独放，彩蝶纷飞；锦上添花，花落谁家。

雕花手镯戴上手；美丽一生跟你走。

8. 怪桩镯

（1）基本款：随心所欲，特殊小众，彰显个性。

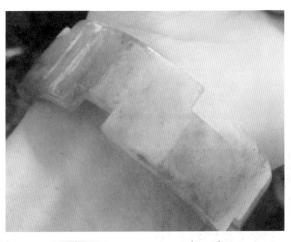

（2）相关行话：怪桩。

（3）适合人群：艺人，个性独特者。

（4）身材年龄：不挑身材、不挑年龄。

（5）工艺特点：因料设计，形无定型；款式怪异，工艺独特。

（6）专属文化：

标新立异，以异取胜；创新思维，必成大器。

特殊小众，彰显个性；独辟蹊径，另找美感。

一枝独秀，与众不同；一花独放，百花争艳。

9. 镶金镯（金镶玉，显富气）

（1）基本款：压丝、连接。

压丝

连接

（2）相关行话：镶金镯。

（3）适合人群：生意人。

（4）身材年龄：身材不限，中年以上。

（5）工艺特点：传统工艺，因镯价而异，技术难。

（6）专属文化：

金玉良缘，美满百年；皇宫富贵，专工专对。

金镶玉，贵气富气；玉镶金，从古到今。

金玉良缘，前世姻缘；金玉相安，结成鸳鸯。

戴手镯的民俗

民间有习俗认为，女性戴手镯可以：

护身符，避邪招财。

守着吉祥，旺夫旺子。

婚姻家庭，圆圆满满。

大理白族和丽江纳西族女性一生拥有三支手镯：

做女儿时，母亲给的。

定情时，男朋友送的。

当婆婆时，晚辈孝敬的。

 ## 手镯的尺寸及测量

1. 手镯的尺寸

手镯有哪三个尺寸？它的圈口与周长怎样换算？

（1）手镯行话：圈口（内径）、条宽（手镯宽度）、条厚（手镯厚度）。龙口（内圈的外缘）、正圈（非椭圆镯）、条粗（圆条镯条子的直径）、泥鳅背和龙背（平安镯外曲面）。

（2）换算：计算时须统一单位。

圆周率 π ＝ 3.14，

周长 ÷3.14 ＝直径，例：

$175 ÷ 3.14 ≈ 56mm$

直径 ×3.14 ＝周长，例：

$60 × 3.14 = 188.4mm ≈ 19cm$

2. 行业书写（ *a* , *b* , *c* 代表具体数字）

正圈正规书写：圈口 × 条宽 × 条厚＝ *a*mm × *b*mm × *c*mm

行业书写： *a* × *b* × *c* ，甚至 *a* , *b* , *c* 。例如：

正规： 圈口 × 条宽 × 条厚 ＝ 56mm × 12mm × 8mm

行业： 56 × 12 × 8 或 56，12，8。

数据颠倒不会错，如 12，56，8，所示部位的尺寸不会错，为什么？

圆条 58 × 13，或 58、13，或 58/13。

3. 手镯内径大小的行话

标准圈：57 ~ 58

小圈口：56 ~ 54，53 以下特小，很少。

大圈口：59 ~ 60，60 以上特大，很少。

4. 怎样用工具测量手镯尺寸

（1）数显卡与游标卡。

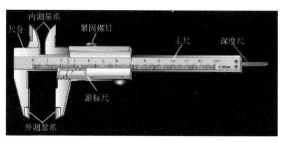

常用数显卡　　　　　　　　　　传统游标卡

数显卡测量：内径、外径、条宽、条厚。

量内径要领　　　　　　　　　　量外径要领

（2）梯形尺测量要点。

福镯：量内口，是直径最小处。

平安镯：量外口，已是直径最小处。

福镯：量内口，是直径最小处

平安镯：量外口，已是直径最小处

注意：统一两面数据单位，找到卡片边缘两面吻合直线，对应数据就是直径与周长换算的结果。

蓝色是直径 mm

绿色是周长 cm

（3）佩戴者不在现场时教她测量。

用绳子或软尺测量得周长，换算为直径。

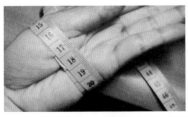

用卡尺测量最凸关节处直接得直径

159

怎样戴手镯

1. 塑料袋、护手霜、洗手液的使用对比

（1）很紧戴入时的容易程度：洗手液大于护手霜大于塑料袋。

（2）戴入很紧时，会操作的人戴比自己戴更容易。

2. 戴手镯技巧

（1）比试、捏手、润滑、抠过。

（2）三个关节按食指、小指、拇指的顺序通过。

3. 取手镯技巧

（1）软垫、捏手、润滑、抠脱。

（2）很紧时，转背抠脱。

4. 戴、取后疼痛处理

轻揉、涂药。

5. 自己戴、取手镯的技巧

（1）戴：早晨，润滑，支肘，套压，抠进。

（2）取：早晨，润滑，软垫，抠出。

翡翠入行 的那些事

30 分钟
慢话翡翠

翡翠 雕件

第十三话

○ 挂件与摆件的玉文化 ○

1. 主要题材

（1）佛教、道教及儒家的人物、典故。

（2）民俗文化中的吉祥人物、神物、动物、植物。

（3）古典诗词、绘画及其意境。

（4）古玉中的精美图纹。

2. 主题

（1）吉祥语：表达人们对健康、平安、财富、幸福、美丽等各种美好事物的企盼和追求。

（2）福禄寿喜财：通俗、接地气而容易被广大受众所接受。

（3）唯美的纯艺术作品：抽象，表达自我，突出个性。

3. 玉雕中表达玉文化吉祥含义的使用手法

谐音、谐意、既谐音又谐意、附会，从而引申出吉祥含义，并用吉祥成语、词语表述。

（1）谐音。

蝙蝠（福）、铜钱（前）、鱼（余）、葫芦（福禄）、兽（寿）、象（祥）。

（2）谐意。

松柏（长寿）、鹰抓蛇（十拿九稳）、石榴（多财）、豆荚（连中三元）。

（3）既谐音又谐意。

鹰与熊（英雄斗志）、手掌与算盘（胜算在握）、蝉与叶子（一夜成名）、马驮元宝（马上发财）。

（4）附会。

钟馗（驱邪）、龙凤（尊贵男女）、平安扣（圆梦、转运、平安）、牡丹（国色天香）。

（5）纹符。

藤蔓、云纹、水波纹、万字符。

◦ 市场上常见玉雕作品 ◦

1. 常见佛教人物

（1）娃娃佛、宝宝佛（佛祖释迦牟尼出生）。

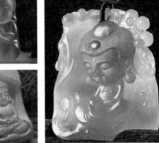

（2）佛祖释迦牟尼。

（3）卧佛（佛祖释迦牟尼涅槃）。

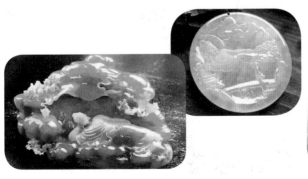

163

（4）无相佛。

佛本无相，相由心生；佛本无相，以众生相为其相。

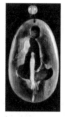

（5）阿弥陀佛。

（6）药师佛。

（7）弥勒佛。

弥勒佛又叫"未来佛"。弥勒佛的民俗含义：大肚藏金。

弥勒佛近几年被一些不懂佛教常识的人叫成"佛公"，实属无奈。

（8）五子闹弥勒：民间喜爱弥勒佛，有五子闹弥勒的传说。

五子代表五福：长寿、富足、安宁、好德、善终；也可以通俗代表福禄寿喜财。

（9）布袋和尚。

传说僧人契此，以布袋化缘，得物后即分给穷人，广为布施，众人认为是弥勒现世，故得"布袋和尚"名。布袋也被赋予吉祥寓意：黄金袋、藏金袋、乾坤袋。

（10）大日如来佛。

（11）观音：观世音、观自在、观音菩萨（宝冠上有阿弥陀佛）。

常见玉雕形象：持莲观音、宝珠观音、净瓶观音、乘龙观音、送子观音、三面观音、千手观音、六臂观音、水月观音……以及观音的助侍善财童子、小龙女。

观音本愿：大慈大悲，有求必应。

浙江普陀山观音大殿
大型翡翠南海观音
（3.3米高）

166

（12）大势至。

大势至的民俗含义: 宝冠上是宝瓶，内存智慧光，让智慧之光普照世界一切众生。

（13）西方三圣。

阿弥陀佛，观世音菩萨，大势至菩萨。

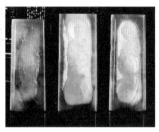

（14）绿度母。

藏传佛教的观音之一。

（15）文殊菩萨。

左手持青莲花、右手执宝剑。

（16）普贤菩萨。

骑白象持如意、荷花等。

（17）地藏菩萨。

持九环锡杖。

（18）达摩。

天竺（印度）人，传说五代时经海路到广州，北上过长江"一苇渡江"，见梁王交谈不悦，到少林寺"面壁9年"自省，讲经，成禅宗祖师。

2. 道教人物

（1）老子（李耳）："太清道德天尊""太上老君"。

著作：《道德经》，中国历史上最早最伟大的哲学著作。

典故：传说，老子到函谷关时，紫气东来，讲学，成《道德经》，出关不知所踪。

民俗：贵人、大智者、先哲。

紫气东来

老子出关

（2）钟馗。

典故：传说唐明皇病，梦中见钟馗而病愈，醒后命作画挂宫中，以驱鬼邪保平安，民间仿而流传。

成语：钟馗捉鬼、钟馗引福、钟馗嫁妹。

民俗：道教诸神中唯一的万应之神，斩五毒的天师，打鬼驱邪、镇宅招财、消灾引福、知恩必报。

钟馗嫁妹

钟馗引福

钟馗捉鬼

169

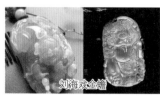

刘海戏金蟾

金蟾吐宝

（3）刘海。

典故：传说，刘海15岁中榜，50岁官至宰相，道人真阳子（汉钟离）以铜钱、鸡蛋各10相垒晓之以理，刘弃官修道，得道成仙，成童子相，降伏金蟾，断其一足，命其跳财撒钱而造福人间。

（4）和合二仙。

三个典故：弟万回前往军营探兄；唐朝两位高僧寒山、拾得；主婚喜神。

民俗：和和睦睦、和气生财、家和万事兴、友谊长青。

（5）三星二神（福、禄、寿、喜、财）。

①福星：天上为木星，道教三官中的"天官""天官赐福"，故为福星。民间有五福：长寿、富足、安宁、好德、善终。故有"五福捧寿"。

②禄星：天上为文曲星（北斗第4颗），"文昌帝君"，古时以文考官，官员工资称"奉禄"，故名禄星，管凡间文事、寓仕途与钱财。

③寿星：天上为南极星，又称南极老人星或"南极仙翁"。

福星　　　　　禄星　　　　　寿星　　　　　福禄寿三星

④喜神：在中国传统的绘画作品中，喜神"无星无形"，玉雕中多以喜鹊或喜蛛代替。

⑤财神（文、武各二）。

文财神（因二人无明显特征，故玉雕中无法分辨）：

比干：商纣王叔父、太师，敢于直谏。传说，连谏三日，纣王怒，挖心验其是否有"七窍"，却无心，未死。民间认为"比干无心"，则分配钱财无心可偏，公平公正，尊为文财神。

范蠡：春秋楚国人，政治家兼实业家。传说，三次创业得巨产，又三次散尽家财给百姓，最后与西施到海边结庐而居。民间视为儒商鼻祖，奉为文财神。

武财神

武财神：

关公：因忠勇威仪受儒释道三家推崇。

儒家：武圣人。

佛家：迦蓝菩萨、迦蓝神、护法神。

道家：神将军、关圣帝君、伏魔大帝。

民俗：多功能神明，主正财。武庙（关帝庙）多于文庙（孔庙），最受民间欢迎、供奉最广的武财神，东南亚各国华人也多有供奉。

赵公明：道教中的神明。手下管四名小神：招财、进宝、纳珍、利市，统管一切金银财宝。黑面浓须，骑黑虎，一手执银鞭，一手持元宝。《封神演义》中的赵玄坛、赵公元帅。

（6）民间四类钱财观念："君子爱财，取之有道"。

> 正财——主业收入；偏财——副业收入；
>
> 横财——意外得来；不义之财——贪腐、抢盗骗霸、非法而得。

3. 其他挂件的吉祥含义

从徒弟到大师，挂件出自数以万计玉雕者之手，他们从中国文化的历史长河和现实生活中汲取营养，选择题材，所雕图案及其要表达的吉祥企盼非常丰富。

在挂件的方寸之地辨识和解读它们并非易事，但我们仍可以举一些例子，体会其中的要义，并把握它们的规律。

（1）有一个最贴切的吉祥含义，例如：

> 一只喜鹊、梅枝——喜上眉梢
>
> 两只喜鹊、梅花——双喜临门
>
> 蛇、蜈蚣、蝎子、蜘蛛、蟾蜍——五毒避邪
>
> 大熊、小熊——英雄教子
>
> 雄鸡、牡丹——功名富贵
>
> 鱼、池塘——金玉满堂
>
> 牡丹、盘长——富贵无限
>
> 童子、蝙蝠——翘盼福音

猴、桃——金猴献寿

人参、如意——人生如意

莲藕、荷、鱼——连年有余

叶子、蝉——一夜成名

雄鸡、寿石——室上大吉

鹿、花瓶——一路平安

大龙、小龙——望子成龙

鹰、鱼——十拿九稳

麒麟、书——麟吐玉书

圆环、珠子——时来运转

牡丹、凤凰——国色天香

人足、蜘蛛——知足常乐

（2）有多个吉祥含义。例如：

> 甲壳虫——财源滚滚、富甲天下
>
> 苦瓜——苦尽甘来、事事顺利、事事如意
>
> 白菜——百财、家有百财、百财自来、人才、成才
>
> 两只蟋蟀——长相厮守、夫妻恩爱、成双成对、和和美美
>
> 飞天——舞神、舞遍天下、欢乐神、乐满天下、福满人间
>
> 佛手——福寿如意、福寿双全、得心应手、手到财来
>
> 战国时期古钱币——一本万利、世代富贵
>
> 螺蛳——赚钱、弯弯顺、步步高升
>
> 下山虎——势若破竹、势不可挡、虎啸山林、虎虎生威
>
> 上山虎——八面威风、功成名就、事业有成、占山为王
>
> 蜗牛——安居乐业、心宽体健、稳步高升、背有千金
>
> 蝉——蝉鸣高枝、常赢、一鸣惊人、金蝉脱壳

五鼠、玉米棒——五鼠运财、连环进财、财源广进

花生、龙——生意兴隆、落地生财、龙生好运

拖鞋、鼠——财随我走、脚踏实地、步步发财

狗、元宝——旺财、旺福、事业兴旺、财运兴旺

桶、元宝——一统江山、聚财、一桶富贵、福禄双全

长者、童子——教子有方、望子成龙、贵人相助

蜥蜴、铜钱——财富通达、今非昔比

两只貔貅咬铜钱、叶子——咬住商机、把握机遇、连环富贵、一夜致富、招财驱邪

荷叶、青蛙 —— 呱呱来财、连生贵子、和气生财

算盘、铜钱 —— 精打细算、胜算在握、神机妙算、盘算天下

（3）下面这些挂件琳琅满目，有些上文已举过例子，有些还没有，你能辨识并给它一个吉祥名称吗？

（4）历史题材——猜猜四大美女。

> 一条溪水流不息，千条万条皆沉鱼。——谁？
> 犹抱琵琶半遮面，茫茫雪海落飞雁。——谁？
> 玉人点香香不灭，秋风送云云遮月。——谁？
> 轻衫凝脂润肌滑，满园牡丹羞答答。——谁？

（5）貔貅——神兽新解。

貔貅民间十六讲

屁眼：没屁眼，不漏财，积财。

屁股：屁股大，江山稳。

眼睛：凸出，凶，驱邪避邪强。

牙齿：锋利，咬财狠，不放。

嘴巴：大，嘴大吃四方，专门吃金吞银。

前脚：踩铜钱，一路有财。

肚子：大，积财多。

尾巴1：如意尾翻在背上，辈辈如意。

尾巴2：铜钱尾翻在背上，辈辈有财。

翅膀：硬，飞黄腾达。

霸王貔貅：身子直，发正财，头横折成90度，发横财。

母子貔貅：背上有只小貔貅，子承父业，辈辈英雄。

佩戴：佩戴后不可他人触摸，否则财气会被摸走。

摆放：头向门或窗，吸外财；不可对自己，会把财吸走。

水洗：用"无根水"清洗，心想事成。

开光：给貔貅开光加持，事事灵光。

（6）古玉吉祥图符。

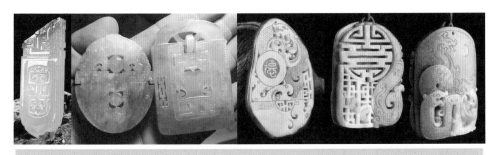

（7）翡翠玉雕艺术品。

▲ 刘安文作品

▲ 李振庆作品

▲ 王国清作品

▲ 叶金龙作品　　▲ 孟力作品

▲ 刘东作品

其他作品，未查到作者，在此致敬致歉！

翡翠入行 的那些事

30 分钟 慢话翡翠

第十四话

看看那些假翡翠

初入行者和几乎所有消费者，对翡翠有一种"爱怕交加"的情结。爱她的美，她的高贵，她的吉祥。怕啥呢？就怕个"假"字。买件朝思暮想的高价值宝贝，贵点便宜点也就算了，但买假了钱财和企盼两亏空，再加一肚子鬼火堵心，可就亏大了！

不过不用怕，避免买假货其实也不是很难的事。

从整体情况看来，市场和社会上常见的假翡翠不外乎有三类：第一类，真翡翠做假的假翡翠；第二类，人工烧制的假翡翠；第三类，其他外观像翡翠的玉石。现分别介绍如下。

○ 第一类：真翡翠做假的假翡翠 ○

有 3 种，B 货、C 货、B＋C 货。

它们的共同点是，在种粗水干色脏裂多的、被业内划为低档料和称为"粪草料"的翡翠上"做手脚"，国家标准用语叫"处理"。用一些"办法"处理让它变漂亮甚至很漂亮，本意是废物利用，允许作为工艺品出售，商家必须标识为翡翠（处理），才不违法。

但是，不法分子却大行其骗，其中的 B＋C 货可以很漂亮很像高档货很逗人喜爱，因而行骗者用它行骗时欺骗性也最大，"犯案率"很高。须知，近些年翡翠涨价后，一支很漂亮的 B＋C 手镯作为工艺品在正规市场上的售价，只是二三十元到一百多元。但行骗者却把它几千几万，甚至几十万上百万骗卖出去，受骗者损失惨重。

为了识别它们，我们需要知道"手脚"是怎么做的，即"处理"它们的方法，也就是制作它们的方法，且看：

1. B货的制作与识别（料子：有色有脏种一般）

有些种粗带绿色但有脏杂的料子，若除去脏杂，底子干净而又带绿色，就上了档次很有卖样，除去的办法是"酸洗注胶"。

（1）制作：用强酸加热浸泡一段时间，脏杂就会被洗去；同时料子表面会被强酸腐蚀出细小缝隙，第二步就拿去注胶，用胶封住这些微隙。这就是"酸洗注胶"。下一步就可拿去制作手镯、挂件、珠子等

成品了。此法20世纪80年代从香港传入，香港人中英文混说，叫它B货，B是英文bleach的开头字母，意译即漂白、洗白，当时内地人叫漂白货、洗澡货，后来习惯了就叫B货。注意，B货的颜色是天然的。

（2）识别：知道B货是怎么制作的，就可找到识别的办法。找一只同样种质的A货手镯，与待检品放在一起，观察和感觉两者表面光泽，因为注过胶，即便最后打过蜡，也必显胶的塑脂状光泽叠加蜡状光泽，因此"发闷"。当然，如果是见过千支万支A货的老手，就不用找实物对比了，直接感觉光泽，真假便可立现。

纯粹被确定为B货的，近些年少见了。

2. C货的制作与识别（料子：有种无色或种差无色）

有些种质还可以，但没有色或色很淡的成品，人工上些颜色，常上些翡翠漂亮的绿色、紫色、蓝色，会很有卖样，卖得上价。人工怎么上色呢？社会上流传的"激光打色"，其实并不存在。我们无须从理论上介绍不存在的缘由，直接看看下面的例子，就知道"上色"实在是非常简单的。

（1）方法一：表面刷色。

在无色的手镯成品上，用软布沾上绿色抛光粉或其他颜色的粉状色料，握在手镯圈条上使劲磨刷，使色粉微粒嵌进肉眼看不见的微隙中，由此得色。此

法只能在种较粗的低档成品上使用，好的糯种、冰糯种、冰种、玻璃种无法使用，尽管放心。

识别：最劣等的刷色手镯，色粉还大量残存，用手一抹就看见了，直接露馅，简直就是"工人忽悠老板、老板也懒得管"的产物。

用手一抹就看见

卸甲纸及其擦拭的色迹

但一般的刷色手镯并不染手，这是因为表面的色粉清理得比较干净。如果怀疑它是表面刷色的 C 货，只须用一小片洁白的卸甲纸擦拭，就可在纸上看见色迹。

隐蔽得很好的刷色手镯，卸甲纸也检不出色来，这种情况下，如果仍然感觉色不自然，例如，深浅过渡不自然，两种色交汇和分布不自然，过于鲜艳不自然，等等。行业内说，感觉"色邪"，有怀疑，要确认，该怎么办呢？

色邪：两色分布

色邪：太艳

色邪：太匀

若是在交易现场而不是在自家室内，那就得用便携式 10 倍放大镜了。这种放大镜供翡翠及所有珠宝室外检测专用，注意标志："10×"表示 10 倍，12mm 表示镜面直径为 12 毫米。每位入行而又有心学习者，都应配备 1 个。

便携式 10 倍放大镜

这种放大镜须用单眼近距观察，所以要练习几天才会使用。在 10× 放大镜下，便可以找到残存的色粒，如果外圈"泥鳅背"上不易找到，那么内圈上仔细找，是可以找到的。

春色"泥鳅背"上的色粒　　蓝色"泥鳅背"上的色粒　　　　绿色"泥鳅背"上的色粒

如果连10×放大镜都找不到色粒的刷色货，那必定是种质较细的糯种，原本无色或色淡，只卖得数千元，刷色后因种好微水色靓，可卖得高价数万甚至十几万。但其色是人工所为，仍不可能显出自然本色，仍感邪而不正。这时还有一法，就是用酒精棉签擦拭，棉签上便可见色，当然，这很麻烦。此时不如直接送检了。

上述无论何种情况，表面擦刷附着上去的色粉都是水溶性的且不带胶，都可溶于水，且很容易被洗涤剂洗去。所以，不少买到表面刷色C货的消费者，少则洗几次澡，多则几个月后，就会发现宝贝漂亮的

这样的货色如有疑义最好直接送检

颜色咋就变淡了，或是变没了，才发现出问题了，上当了！

（2）方法二：表面覆膜。

方法：履膜只见用于戒面，挂件手镯并无"好"效果，故而不用。所谓"表面履膜"，其实就是将无色的冰种戒面浸泡于绿色的指甲油中，一段时间后取出，自然晾干，然后用极细砂纸将不平点修整平滑，就做成了。如此简单。

识别：先对光看，色不在内部而浮于表面。若初入行者难于分辨，则可用中指在戒面上缓慢拖滑，会有滞手的感觉。若还是难于确认，在征得货主的同意后，用小刀、钥匙等硬物刮削其表面，或将戒面在墙壁和地板等粗糙硬面上刮擦，指甲油薄膜必定被轻而易举地擦破而露出无色戒面。如果是真戒面，并不用担心，因为我们知道翡翠的硬度是

新品鲜亮

逐渐暗淡

失色失光

6.5 至 7，而小刀是 5，最硬的花岗岩地板也只是 6 至 7，所以只会打滑不会受损。

其实，并不会真去刮擦的，当你一提要求时，对方肯定找种种理由拒绝了。你心里也就有数了。

需要说明的是，履膜戒面只用冰种戒面做，因为玻璃种戒面有自己不菲的价格，无须担风险做假；而低于冰种的糯种等，因水头不够，冒着风险做些假也卖不上价或者卖不出去。

（3）方法三：色上加色。

在上述方法一中，把色淡的手镯加色变浓，就是色上加色的一种方法。用方法二的覆膜也可以色上加色。

要镶金时拆开发现

且看发生在 2019 年 1 月的一个案例：戒面底部履色。

顶部看　　　　　底部看

某朋友花 2000 元，在游商手上购得一枚镶在铜架上的戒面，色虽淡，水却好。直到要镶金架时拆开，才发现上了当！

识别：把戒面镶在黄色铜合金架或者白色铝合金上卖，是通行做法，要买时，一定要加上侧面看，观察是否变淡；买几万以上的，成交前一定要求拆开看，不拆不买。

翡翠成品 C 货的制作，就有上述三种方法。从货品的档次看，主要是把几十、几百元的低档货，变成好看一点的几千、上万元的中低档货来骗卖。从制假骗钱的目的分析，一切高成本的方法都是不值得冒险的，因而是不存在的。

那么，为什么要把人工上色的翡翠称为"C 货"呢？这与"B 货"一样，C 是英文单词颜色 colour 的第一个字母，由此就称为 C 货。

既然做了手脚的翡翠一种叫 B 货、一种叫 C 货，那么没做过手脚的翡翠，有排在第一的意思，顺理成章就叫做了"A 货"。而在消费者眼里，掺假做假就是假货，所以 B 货 C 货就是假货，没有掺假做假就是真货，所以 A 货当然就是真货。事实正是如此。

把 A 货、B 货、C 货介绍完了，下面我们就可以介绍最厉害的 B＋C 货了。

3. B＋C 货的制作与识别

从名称上看，B＋C 货应该是既有 B 货的酸洗注胶，又有 C 货的人工上色，两者相加！对的。不过问题是：两者怎样相加？效果如何？何利可图？

（1）B＋C 货的制作：从前述可知，做 B 货和 C 货的毛料和半成品虽属低档，却也有一定档次，不做手脚也可以卖点小钱。但是做 B＋C 的毛料，就是种粗水干色脏裂多，不做货就几乎废弃的毛料了，废物利用，料的成本在最后的售价中可以忽略不计。

以 B＋C 手镯为例，往往是数千支批量生产，从毛料到成品有二十几道工序。在手镯厂套好毛坯后，送往专门的 B＋C 厂，那里主要有七道工序：

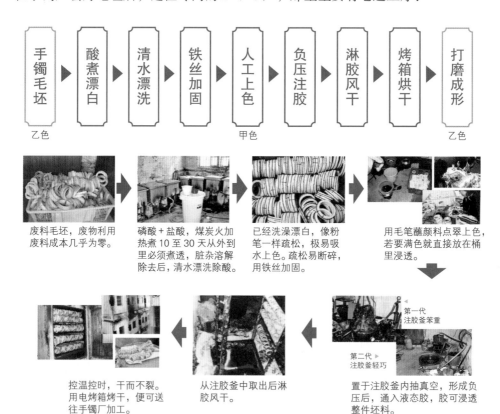

手镯毛坯 ▶ 酸煮漂白 ▶ 清水漂洗 ▶ 铁丝加固 ▶ 人工上色 ▶ 负压注胶 ▶ 淋胶风干 ▶ 烤箱烘干 ▶ 打磨成形

乙色 　　　　　　　　　　　　　　　　　甲色 　　　　　　　　　　　　　　　　乙色

废料毛坯，废物利用废料成本几乎为零。

磷酸＋盐酸，煤炭火加热煮 10 至 30 天从外到里必须煮透，脏杂溶解除去后，清水漂洗除酸。

已经洗澡漂白，像粉笔一样疏松，极易吸水上色。疏松易断碎，用铁丝加固。

用毛笔蘸颜料点翠上色，若要满色就直接放在桶里浸透。

第一代注胶釜笨重

第二代注胶釜轻巧

置于注胶釜内抽真空，形成负压后，通入液态胶，胶可浸透整件坯料。

从注胶釜中取出后淋胶风干。

控温控时，干而不裂。用电烤箱烤干，便可送往手镯厂加工。

B＋C厂除"酸洗注胶"手镯坯料外，还可以"酸洗注胶"制作挂件、珠子、平安扣等的片料，供给下游工厂生产各种漂亮的成品。

▲ B＋C半成品

◀ 各种漂亮的 B＋C 片料

各种漂亮的 B＋C 货

正规市场 100 元购得 B＋C 手镯一支

应该说明的是，B＋C厂生产的是制作工艺品的半成品，因而是合法的；其产品在销售时，按国家规定的定名规则标注名称，并向顾客如实说明，也是合法的；其价格按一般工艺品的价格销售，仍是合法的。

B货和C货是在成品上做手脚，那些成品的料子虽然低档，但仍有价格。例如，一支等待刷色的低档A货手镯，价格只在50元左右，刷色后可卖到100元到小几百元，有得赚，若批发就很有赚头。但那些制作B＋C货的料子，前已述及几乎是废料，因此只有加工成本，并且是大批量生产，2000年到2010年约十年间，B＋C的一支手镯正规批发市场约10元到20元，挂件批发5元到10元。这就是B＋C货的特点：便宜又漂亮。

近些年听说涨价了，笔者于2022年5月重返广州长寿路正规批发市场，商家按国标规定标明"翡翠（处理）"，老板也明确说明是B＋C货，讨价还价以100元的价格购得漂亮的B＋C手镯一支，商家的销售过程合法。

B＋C货由于质地仍是翡翠，又长

得非常像高档翡翠，零售价在百元至 1000 元左右，就具有了漂亮、戴玉（尤其是戴翡翠）、便宜三个优势，因此很受两类群体欢迎，一是农村里的大娘大妈，二是常上舞台不断换装的各类演员艺人。所以，B＋C货有自己不小的市场。

然而也正是这三个优势，让不法分子有了可乘之机，或设骗局，或编造种种故事，把 B＋C 货当高档 A 货几十万几百万、甚至上千万地骗卖，三十多年来这种惨痛教训从未断过。在举例之前，我们先来看看国家的相关的法规标准。

（2）国标法规。

国家标准 GB/T 16552—2017《珠宝玉石名称》中规定：传统的打蜡、浸油等办法可以增加美感但不破坏珠宝本身，称为"优化"；而经过染色、漂白、充填等办法虽然增加了美感但破坏了珠宝本身，称为"处理"。并明确规定，翡翠的染色、漂白、充填都属于处理，销售时的标签上必须写为"翡翠（处理）"，否则违法。

这条法规全国实行了三十多年，开始的九十年代，珠宝质检部门就发现，如果对 B 货、C 货、B＋C 货在质检证书的检验结果栏上填写"翡翠（处理）"，太学术化，绝大多数消费者弄不明白，而不少商家却乘机用以促销："处理，清仓处理，便宜卖喽！"

很快，各地质检部门联动，实施了一个办法：只有天然的 A 货才出检验证书，证书结论栏填写"翡翠"即可，也可以适应市场，填写为"翡翠（俗称 A 货）"，更加明白；同时，凡 B 货、C 货、B＋C 货一律不出证书。

此举一出，简单易行，买卖两清，市场顺畅，二十多年来成为社会上确定真货、假货最后的屏障。我们在实践中也将充分利用这一规定。

（3）B＋C货的缺点。

人们最担心的就是"有毒吗？"从加工过程可知，强酸长时间浸煮，虽经清水漂洗或者强碱中和扩隙，但粗糙的加工可能会有残留，只是后续工序的注胶可将残留物封住。那么胶呢，通常是用环氧树脂加固化剂，环氧树脂本身无毒，但加不同固化剂后可能无毒也可能有毒，如果佩戴者的皮肤无刺激、无红斑、无痒痛，则无毒，放心佩戴；若有，则只能弃之不戴，不可不舍。笔者观察过戴着 B + C 手镯多年的多人，正常无碍。有网友传 "会得癌症"，言过其实了。

除了可能（只是可能）对皮肤有刺激损害外，B + C 货的主要缺点有三条：

其一，美不长久。少则半年多则两三年，由于胶的老化，B + C 货会泛黄变闷，不仅失去光泽，透明度也会大减，颜色也会变暗，水色尽失。作为珠宝的美久少，美已不美，那么宝就不宝了。

其二，身不坚固。由于酸蚀整体疏松，靠胶粘接，胶的硬度太低易被磨损，胶的强度和韧性不够，受同样力的撞击，A 货不断不裂碎，而 B + C 就会断裂。

其三，玉不保值。不言而喻，美不长久身不坚固的假东西谈何保质？不过，笔者曾问过一位戴 B + C 手镯已经发黄的大妈，她说，100 块戴只好看的玉镯戴了五年多，值得啊！叫她换她还舍不得呢，真是 "各拜各的佛，各烧各的香"。

（4）B + C 货的一般识别。

现在我们知道了，B 货、C 货只是仿中下档成品，几千元最多万元，而 B + C 货却可以仿中档直至千万元级的特高档成品。所以，与中高档成品的种水色特征为对照，识别 B + C 并不是很难的事，下面介绍几种方法。

方法一，感觉光泽。中高档 A 货必定在糯冰种以上，其光泽必定是明亮、铮亮的玻璃光泽至亚金刚光译，而 B + C 不注胶是白石粉，注了胶最后又打蜡，只可能是塑料光泽或蜡状泽。只要把眼光聚焦在成品表面仔细感觉，便可知晓。如有同种质 A 货对照更易鉴别。

方法二，感觉水头。与上面同样的原因，中高档 A 货的水头无论长短，是有灵动感的，而 B + C 的水头是胶引起的，因而是混浊的，像米汤样的，呆滞而无灵动感。怎么感觉呢？把眼光聚焦，进入成品内部，不同深浅打量，便可找到感觉。同样，如有同种质 A 货对照，更可见明显区别。

B + C 的
水头是胶
引起的

方法三，感觉颜色。A货的颜色经历数千万年，且与水头同期形成，因而与水相融，鲜活灵动。B＋C的颜色虽然不像C货那样只在表面，它也立体渗入内部，但它毕竟是用毛笔几分钟内浸入形成的，而且与后续的注胶是分两次完成，所以仔细看有色部分，虽有深浅变化，但没有细节，感觉是呆板的。一般难以仔细分析，行话干脆用一个模糊的感性的字表述——邪。色邪，更为准确。

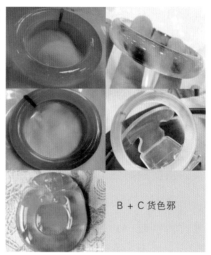

B＋C货色邪

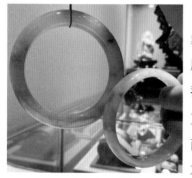

用一根细线吊起轻敲

方法四，轻敲听音。高档A货手镯是致密的多晶集合体，而B＋C是疏松的胶粘石粉集合体，所以同样条件敲击，两者的声音必然大不相同。我们可用一根细线吊起手镯，用玛瑙棒或者另一支手镯轻敲，就会听到A货清脆悦耳，叫刚音，而B＋C则是干涩闷哑的声音，很易分辨。注意不能重敲，被敲的手镯不能用手直接拿握，那样将无法自然振动，发出的声音并不真实。很多时候，高档货是贵重物品，无论真假货主不让敲击，所以此法只能备用，或用自己的手镯学习用。

方法五，10倍放大镜检视。用前面介绍的10×放大镜，可看到B＋C货的表面上，有的像干涸的水塘底，有的像不规则的网纹，有的在连续的网纹上还有大小不同的凹坑，宝石学叫"酸蚀网纹"。这些网纹和凹坑，是由于胶与石

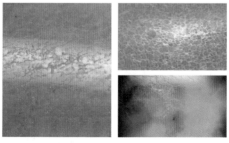

10倍放大镜下的酸蚀网纹

粉热胀冷缩的程度不同而形成的。胶收缩较大，形成凹纹，有的晶粒脱落，胶

形成凹坑。成品时间越长，毛料晶体越大，酸煮时间越长，此现象越明显。高档A货结构紧密，是绝对没有这种现象的。所以，放大检查表面是否有"酸蚀网纹"，比起前4种凭感觉的"软"办法，是眼见为实的"硬"办法。

需要说明的是，有些初学者以为放大镜倍数越高越看得清，于是购买20倍、30倍的来用，那就错了。因为，高于10倍看到的现象，没有标准图谱给众人对比，因此谁也看不懂。实际上，国内以及国际通行的、所有珠宝玉石的瑕疵检视，包括钻石内部那么微小的瑕疵，都是放大10倍，倍数小了看不见，倍数大了不算数。

在实践中，上述五种办法常常联合使用，办法五甚至可以一锤定音。但B＋C演出的故事实在光怪陆离，正好，我们可以从这些故事中找一些别人吃过的"一堑"，长自己的"一智"。下面是笔者亲历的真人真事，请注意行骗过程中的疑点，你能找出来吗？找出了，甚至不用送检鉴别，你就知道是坑、是套，安排体面撤退事宜。鉴于隐私，当事人的真实姓名隐去。

（5）B＋C货的识别教训

100万"清代翡翠观音"

事例一：2016年1月，在昆明接到丽江和老板电话，说朋友介绍北京来了一位古玩专家，拿出好几件清代老翡翠，说是宫廷流出到民间的，非常难得，她看中一件100万的满绿观音，叫我去看看。我驾车即去，看了观音，发现有问题，便问，专家呢？她答，回北京了，临走时说，你留下多看看，喜欢了再付余款。我"哎呀"一声问，你付了多少？她改口说，没付。我说，幸好没付，假的，付了你就追不回来了。她脸色大变不语。须臾，我说，你不信？那现在我们立马到丽江珠宝质检所送检，如果是A货，就等着出证书，如果是B＋C，几分钟人家就会退还给你，说"老板，出不了证书"。她听罢同意，于是，我俩驾车直奔质检所。后来的一切，如我所说，不出证书。

回来路上她脸色难看，一声不吭。我想：唉，可能付了几万十几万，说不定。

事例二：2017 年 3 月，在广州接到瑞丽王老板电话，一番问好后，他说他在缅甸，他问：李某是不是你的朋友？我说是呀，好朋友。又一番关于李某社会关系的询问落实后，他

那对 2000 万的满色手镯

说，李某正在他们那里，谈成了一对 2000 万的满色手镯，但那对手镯中有一支上面有几个小黑点，"我们把那些小黑点洗过一下"，你想办法叫她不要买了。我听完吃一惊，大赞王老板够朋友日后再谢！之后，马上给昆明李某的哥哥打电话，李某哥哥听完慌了神，说，哎呀，人在缅甸，现在说不要，人家不放人咋整？！须知，他哥俩在中缅边境做了三十几年的翡翠生意，深懂行规，谈成就不可反悔，反悔必付出代价，扣人交赎金并非个案。

几分钟后，我再次给李某哥哥电话，建议，快去电话叫李某提出要求，"高货大价，要求到瑞丽复检"，这是符合行规的。李某哥哥连声说，好好好。一天后，李某全身而退，安全回到了瑞丽。

事例三：2018 年 8 月，北京好友郑某某打来电话，说他在海口，在朋友介绍的朋友家，那位朋友家有一对祖上传了几代的满绿手镯，因生意亏本急等用钱，贱卖，已谈成单只可卖，要价 2500 万，叫我帮看看。随后发了两张照片给我。

那对单只要价 2500 万的手镯

我挑了一张，就在手机上放大检查，发现了两个端倪，马上告诉他，有问题，你必须要求送检出证书，我估计他不会送检。

第二天，郑某某回话，说，解决了，那人果真不愿送检。我问，他怎么说？郑答，

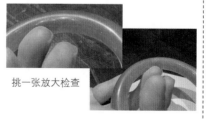

挑一张放大检查

他说了，"老货，不需要证书"。

事例四：2019年5月18白，在昆明某公司，湖北赵总用双肩包背来一包他的宝贝，说，现在公司不景气，他钱也快没了，全家的生活费加两个女儿的学费都没着落，前几天回老家打开保险柜，把珍藏了十几年的宝贝拿来，指望变现救急。我叫他赶快拿出来欣赏欣赏，说，十几年前的好货现在太值钱了嘛！

谁知打开一看，傻眼了，五十几件货除几个小佛外，全是典型的B＋C！他一听脸色变红了，说，你确定？我说，不信送检。他吞吞吐吐地说，送，送过了。我说，哦，你考我啊？他说，不是，是不甘心，想有最后一丝希望。我连忙问，多少钱？他小声说，三百多万……

接着，向我讲述了这样的故事：2003年、2005年、2008年三年，他都参加了湖北省××局组织的"一天开会六天考察"的某种会议，三年都是某局长带队前往云南大理"考察"，三次都带着大家到大理一家"湖北老乡开的珠宝店"，店老板操着纯正的武汉话满是笑脸，老乡来了不在店面接待，七弯八拐把一行人领上小楼，"老乡来了特大优惠进价卖"，大家哪里知道是坑，人人倾囊，个个喜欢……

说完又恨恨地说，这次反腐，他进去了，大家都说恶有恶报！

事例五：2020 年 4 月 24 日，在昆明，学生马某直播间购山水牌一件，价 600 元，有证书。贾某说，主播说了，爆品捡漏便宜卖，我也觉得很便宜，就下单了。我边听边看着她那块正冰 600 元，笑了，当场找种质相似的 A 货放在一起，用手机拍照，再放大观察，发现了明显的酸蚀网纹，而 A 货表面光滑，只有少许崩落的小凹坑。就告诉她，是 B＋C。又唬了她一句：七检漏八捡漏，捡得个假冒伪劣漏！

马学生有点委屈，说，它有证书啊。于是我细查证书，翻来覆去终于发现了问题：没有检测单位！按证书格式要求，检测单位是印在正面，但正面印的是"国家级金银珠宝检测中心"和"国家级质量监督金银珠宝监测站"两句级别性定语，谁是这两个级别的主体，没有；反面是内容、结论和照片，更没有。难怪，两句定语很模糊，这个假做得很隐蔽，不会引起多数消费者的注意。不过有地址：北京市西城区新街口 57 号。

600 元挂牌　　　左边明显腐蚀网纹　　　只有级别没有单位

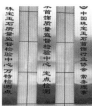

57 号大门口　　　楼上中首协鉴定中心

有地址无单位，为啥？我当即给北京学生电话请查。两小时后，学生发回新街口 57 号的门口和楼上的两张照片。这下大家都明白了：制假者连北京当地人都要蒙骗啊。

事例六：2020年12月20日，在三亚某珠宝公司，学生朱某拿来手镯一支，直播间购得，价4万元，有证书。

初看冰糯带绿花，很漂亮。我说，4万？开玩笑吧？小朱说，真的，主播"放大漏"。

我叫她从柜台里找了一枚种质与手镯相似的戒指，与手镯放一起，在同一光源下拍照，放大检查，既见腐蚀网纹，又对比出A货的玻璃光泽与B＋C的蜡状光泽。小朱亲眼所见却不甘心，说，有证书啊！

可以到当地质检站复检，我说，现在造假者在电脑上做假证书，并不是难事。

小朱喃喃自语说，防不胜防，怎么办？

怎么办？上面六件事例，您能从行骗的过程中找出可疑之处，并总结出一些防止上当的办法来吗？

自制冒名假正规证书

类似种质光泽对比

放大检查腐蚀网纹

直播间购4万元手镯

第二类：人工烧制的假翡翠

主要一种叫"马来玉"，另外两种量较少叫冰翠烧料。

它们的共同特点是，从材质的成分上根本不是翡翠，而是人工烧制的玻璃。

1. 马来玉

马来玉较特殊，在液态玻璃冷却时使用特殊工艺，使其发生结晶而成为多晶集合体，学名叫"脱玻化玻璃"。

合成马来玉的本意，是制作价廉物美的仿翡翠的各种小饰品，目标只在与服装搭配漂亮，几十元的

各种马来玉饰品

大众饰品可以常佩常换。例如，一粒拇指大小的马来玉戒面零售价在 5 元左右，更小的几角钱，一支马来玉手镯零售价只是 30 元左右。

但是由于它特别逼真，被不法分子当 A 货非法售卖，变成了翡翠市场的另一种假货。笔者曾见证过，一名不法商人把一粒 10 元的马来玉戒面，冒充翡翠戒面以 6000 元的价格，卖给某国驻昆总领事馆某领事，影响十分恶劣。

不过，马来玉却很好鉴别，只要拿着实物对光看，即通过透射光看，无论戒面、手镯、珠子等，就可以明显看到其绿色呈青苔丝网状分布，而且边缘是亮而无色的。如果是戒面，翻看底面，不仅是平的，还可看到冷却时的收缩小凹坑。而翡翠 A 货戒面的底面，都是微凸的。所以我们不必过于担心。

色呈青苔丝网状　　　　底面收缩小凹坑　　　　A 货底面微凸

2. 冰翠

现在市场上的所谓"冰翠"，其实就是普通玻璃，而且是玻璃工厂里的废玻璃，一堆堆要多少有多少。有人捡来做点最廉价的工艺品，赚点小钱糊口而已。十多年前有人用它冒充玻璃种翡翠，取名"冰翠"，其假冒史比水沫玉和无色石英岩稍晚，只因连行外人都看得出太假，所以一年半载也就落潮了。不曾想，网络传说不断，有的说产自天山冰川之中，有的说产自西伯利亚的冰层冻土之下，更有一位朋友一脸神秘又严肃地对笔者讲故事：阿富汗的山区里，

冰翠其实是普通玻璃

一位猎人追兔子，兔子跑进一个山洞，猎人追进山洞，发现了亮晃晃的冰翠。十分认真。

各种传说中靠谱的还是天然玻璃说。但真实的天然玻璃有两种，一种由陨石燃烧形成，叫陨石玻璃，另一种由火山喷发形成，叫火山玻璃。两种天然玻璃的区别，以及它们与普通玻璃的区别，须根据其微观理化特征，由科研型专业实验室才能做鉴定、出报告、给名称。全国各地的珠宝检测站，几乎不接受此项业务。同时，天然玻璃产量稀少，市场流通也少，价格以克计算。在国标中，它有自己正规的名字"天然玻璃"，全世界都如此，历来就是一种独立的珠宝品种，响亮而高贵，何须假借什么"冰翠"之名行不三不四之道。只有不法分子用普通玻璃行骗才会装神弄鬼。总之，只要注意鉴定、价格、名称三点，就可避免上当受骗。

两种断口

烧料手镯

3. 烧料

烧料是不透明有色彩的玻璃工艺品，手镯市场价约5元一支。因外观相差太大，少见用于冒充翡翠。准确识别也很容易，看断口：玻璃断口是平滑流线的，而翡翠是凸凹毡状的。

─────○ **第三类：其他外观像翡翠的玉石** ○─────

它们的共同特点是，外观是无色透明或翠绿色，长得很像翡翠。虽然它们都属于玉石大类，但组成它们的矿物成分与翡翠完全不同，牛是牛马是马，毛驴骡子各有价。它们各有自己的名称、玩家和市场。当它们以本名和真价买卖时，是正常合法的，但当它们被不法分子冒充翡翠售卖时，就变成了非法的假翡翠。

由于本书的定位，我们只作名称、外观和主要特点的基本介绍。

1. 水沫玉

各种水沫玉成品

又叫水沫子，矿物名称：钠长石。

多见无色透明，或有灰蓝花絮。产于缅北翡翠矿区，是翡翠的母岩，就是翡翠的"妈妈"。偶尔能见到一块翡翠毛料上水沫玉与翡翠共生，那就是水沫玉还没有完全转化成翡翠的现象。

水沫玉常被冒充玻璃种和高冰种翡翠。

2. 无色石英岩

又叫石英玉，矿物名称：石英岩。

多见无色透明。石英岩在地壳中含量丰富，世界各地都有产出，因而价格也较低。其他颜色和结构的石英质玉又分出很多玉石品种。

石英玉常被冒充玻璃种冰种翡翠。

各种石英玉成品

3. 天青冻

岫玉中的一个品种，矿物名称：蛇纹石。

多见蓝色透明，有些含点状棉。最早规模性开采于辽宁省岫岩市。国内其他地方也产蛇纹石玉，又分出其他玉石品种。

天青冻可被冒充蓝水种翡翠。

各种天青冻成品

4. 金翠玉

符山石玉中的极品，矿物名称：符山石。

硬度 6.5~7，与翡翠一样，密度 3.4，折射率 1.71，比翡翠略高。所以做出的戒面呈黄绿色和青绿色，玻璃光泽和明艳度极好，与中高档翡翠戒面极为相似，即便是行内人士也很难区别。

金翠玉戒面

但金翠玉全球产量稀少，市场少见，价格正在走高，与中高档翡翠戒面有一拼，无须冒名翡翠。但将低档符山石做手脚成高档金翠玉行骗，偶有发生。

5. 碧玉

和田玉中的一个品种，矿物名称：透闪石。

绿色的和田玉叫碧玉，有数千年悠久的历史，所以影响深远，在华中和北方有庞大的粉丝群体。其外观与绿色糯种翡翠有些相似。昆仑山脉的和田等好几个矿区，延续到青海，另外，还有俄罗斯、韩国，都产出碧玉。

碧玉可被用去冒充绿色糯种翡翠。

各种碧玉成品

6. 东陵玉

石英玉的一个品种，矿物名称：铬云母石英岩。

各种东陵玉成品

如前述，石英岩在地壳含量丰富，所以世界多国出产东陵玉，因产地不同外观有区别，其中印度产量最大，所以又叫印度玉。因产量太多，东陵玉价格较低。

东陵玉有绿、蓝、红、紫等色。其中绿色最多，可被用去冒充绿色糯种翡翠，甚至被称为"印度翡翠"。

7. 绿独玉

独山玉的一个品种，矿物名称：蚀变斜长石。

独山玉产于河南南阳市郊，又叫南阳玉，由于其矿物成分复杂而具有十分丰富的色彩。因地处中原复地，开采和用玉有数千年历史，文化沉淀厚重，老矿区遗址如今被开辟为"国家矿山公园"。

绿色独山玉又叫绿独玉，色调和光泽很像翡翠，被称为"南阳翡翠"，冒充翡翠时有发生。

除上述七种比较知名的天然玉石外，在中缅边境的瑞丽、盈江、腾冲等地，还有缅甸产的困就（透闪石）、不倒翁（水钙铝榴石），偶有假冒事例发生；另外，各地那些不知名的绿石头，也会出现冒充翡翠的事。

至此，我们介绍了三大类假翡翠，也讲述了很多不同情况下识别的方法。我们一定要知道，翡翠这种人见人爱的高价值宝玉，是超级网红，从开采到成品上柜，经过数十道环节，道道环节都有几十双眼睛盯着，成品的价位自有必然的范围，哪来"捡漏"的馅饼？

其实，买到假翡翠的消费者，大多都是因为贪图便宜的心理所致，殊不知凡想占小便宜者必吃大亏，等到发现上当受骗遭受损失，玻璃心又破碎一地。

还是冲着信誉去买吧，那是正道，那里只有性价比，没有假翡翠。

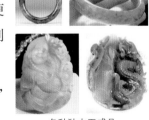

各种独山玉成品